固井水泥环质量评价及特种水泥浆技术

乐　宏　郑友志　李　杰　陈力力　等编著

石油工业出版社

内 容 提 要

本书分别从固井水泥浆抗污染、固井水泥环弹塑性、固井水泥环耐含硫酸性环境腐蚀、固井水泥环膨胀收缩特性等方面介绍油气井固井水泥环各项性能评价的新方法和由此探索得到的最新的基础理论和认识，以及研发的各类特种水泥浆技术和配套工艺。

本书可供固井相关专业的技术人员使用，也可供石油院校相关专业的师生阅读与参考。

图书在版编目(CIP)数据

固井水泥环质量评价及特种水泥浆技术／乐宏等
编著 . —北京 ：石油工业出版社，2020. 9
ISBN 978-7-5183-4052-1

Ⅰ . ①固… Ⅱ . ①郑… Ⅲ . ①油气井–固井–质量评价 Ⅳ . ①TE26

中国版本图书馆 CIP 数据核字(2020)第 173212 号

出版发行：石油工业出版社
　　　　　(北京安定门外安华里 2 区 1 号楼　　100011)
　　　　　网　　址：www. petropub. com
　　　　　编辑部：(010)64523757　图书营销中心：(010)64523633
经　　销：全国新华书店
印　　刷：北京中石油彩色印刷有限责任公司

2020 年 9 月第 1 版　2020 年 9 月第 1 次印刷
787×1092 毫米　开本：1/16　印张：9. 25
字数：230 千字

定价：80. 00 元
(如出现印装质量问题，我社图书营销中心负责调换)

《固井水泥环质量评价及特种水泥浆技术》
编　写　组

组　长：乐　宏

副组长：郑友志　李　杰　陈力力

成　员：郑有成　李　维　姚坤全　佘朝毅　唐诗国

张华礼　范　宇　靳建洲　魏凤奇　辜　涛

夏宏伟　王福云　杨　涛　焦利宾　马　勇

蒲军宏　汪　瑶　余　江　何　雨　张占武

濮　强　张超平　陈　敏　余相君　刘永良

何轶果　李　明　高显束　罗咏枫　张　华

付华才　严海兵　陈　灿　王　斌　赵　军

慈建发　严焱诚　宋文豪　姚　舜

前　言

环空异常带压是天然气井固井后续完井、增产和生产等工程的主要安全问题，这一问题在世界范围内普遍存在。保证固井安全对于气井安全、效益开发和气井寿命具有非常重要的意义，是石油工程所重点关注的焦点之一，主要包括两方面的技术内容：一是固井过程中是否能安全、顺利施工；二是后期固井质量是否能保证后续试压、钻井、完井、增产作业和生产等工程安全、顺利实施。

近几年针对川渝油气田固井面临的固井问题进行了专题研究并且形成系列成果，本书是在总结近几年川渝油气田固井成果的基础上完成的。分别从固井水泥浆抗污染、固井水泥环弹塑性、固井水泥环耐含硫酸性环境腐蚀、固井水泥环膨胀收缩特性等方面介绍油气井固井水泥环各项性能评价的新方法和由此探索得到的最新的基础理论和认识，以及研发的各类特种水泥浆技术和配套工艺。

全书由乐宏担任主编，郑友志、李杰、陈力力担任副主编。全书共五章，第一章由乐宏、郑友志、辜涛、刘永良、高显束编写，第二章由陈力力、范宇、靳建洲、魏风奇、张华（中国石油集团工程技术研究院有限公司）、焦利宾、王福云、何雨、张占武、李明编写，第三章由郑有成、佘朝毅、李维、陈敏、蒲军宏、杨涛、何轶果、余相君、付华才编写，第四章由马勇、邓广东、濮强、张超平、罗咏枫、陈灿、宋文豪编写，第五章由夏宏伟、张华（中国石油西南油气田公司蜀南气矿）、严海兵、余江、王斌、赵军、慈建发、严焱诚、姚舜编写。

本书在编写的过程中得到了西南石油大学、中国石油勘探与生产分公司、中国石油集团工程技术研究院有限公司、中国建材材料科学研究总院有限公司、中国石油西南油气田公司页岩气研究院、中国石油西南油气田公司四川长宁天然气开发有限责任公司、川庆钻探工程有限公司、中国石油西南油气田公司开发事业部、川庆井下作业固井公司、中石化西南油气分公司石油工程技术研究院等单位的大力支持和帮助，在此一并致谢。

由于水平有限，文中内容如有疏漏和不妥之处，恳请读者批评指正。

编　者

2019 年 11 月

目　录

第1章 固井水泥浆接触污染评价方法

固井的根本目标是实现安全作业的前提下，获得长期优质的层间封隔质量，确保油气井长期密封完整性。然而，国内外油气井的固井实践及研究证明，由于钻井液与固井水泥浆之间的组分和理化性能存在显著差异，而且在实际作业中受井型、井眼状况、水泥浆和钻井液性能、顶替效率的影响两种流体的接触掺混难以避免。两种流体掺混后的混浆会发生稠度急剧增高甚至"闪凝"现象，出现高泵压，影响顶替效率甚至引发"灌香肠""插旗杆"等固井事故，危及固井施工安全和质量。例如：1996年，滇黔桂油田历时3年、投资1.7亿元的关3井因为水泥浆污染问题，在注水泥时只打了6m³水泥浆就发生了"插旗杆"事故，导致该井报废；2006年，塔里木油田投资2亿元的英深1井，因为水泥浆污染问题，在注水泥时发生了"灌香肠"事故；2007年，四川苍溪九龙山地区的龙16井，因为水泥浆污染问题，在注水泥时只打了3m³水泥塞便发生了"插旗杆"事故，处理事故后续遗留问题共耗时4.5个月，耗费6000万元。因此，在探明固井水泥浆与钻井液直接接触污染机理的基础上，解决固井顶替过程中的钻井液与水泥浆接触污染问题是保证固井施工安全、提高固井质量的关键问题之一。本章针对井下固井水泥浆与钻井液接触污染问题，以川渝地区在用钻井液处理剂为研究对象，介绍了创建的接触污染单因素评价方法以及钻井液处理剂对固井水泥浆的污染机理、结合高温深井固井的流体掺混特点的固井工作液相容性评价方法。

1.1 接触污染单因素评价方法与机理

水泥浆与钻井液的化学不兼容是接触污染发生的主要原因，其实质是钻井液中的处理剂与水泥浆发生化学反应造成的。随着油气勘探开发面临问题的日趋复杂，新型的钻井液处理剂和固井水泥浆外加剂层出不穷[1]。例如为了满足深井超深井钻井液的热稳定性、高温流变性和失水造壁性要求，需要向钻井液中加入多种处理剂进行调节，包括聚合物、磺化腐植酸类、降黏剂类、油气层保护剂类、消泡剂、防塌防卡润滑剂、除硫剂等，使得钻井液组成极其复杂。但在以往研究和实践中，往往注重的是钻井液与水泥浆之间混浆的性能，而对到底钻井液中何种处理剂造成的水泥浆性能恶化就不得而知了，这也使得对钻井液与水泥浆接触污染机理的研究未能深入，相应解决措施不具有针对性[2]。因此，建立合理的接触污染评价方法，掌握和明确不同钻井液处理剂对固井水泥浆以及不同固井水泥浆外加剂对钻井液的污染情况和作用机理，才能找到合理解决的途径和方法，有利于接触污染的防控。本节分析了川渝地区单一钻井液处理剂对固井水泥浆性能和单一水泥浆外加剂对钻井液性能的影响，并对造成接触污染的机理进行了分析，同时基于实验评价结果形成了接触污染单因素评价方法[3]。

1.1.1　水泥浆接触污染单因素评价方法

水泥浆外加剂与钻井液外加剂的化学不兼容是造成水泥浆与钻井液接触污染发生的主要原因，而其实质是钻井液中的处理剂与水泥浆发生化学反应所造成的，进而会影响水泥浆与钻井液体系的性能[4-7]。建立合理的接触污染评价方法才能掌握和明确不同处理剂对水泥浆的污染情况和作用机理，找到合理的解决途径和方法，有利于接触污染的防控。因此，提出了根据井下工作液中各种外加剂具体含量，将外加剂加入到钻井液、水泥浆中开展流变性能实验和高温高压稠化污染实验，形成了水泥浆接触污染单因素评价方法[8]，具体的评价实验步骤如图 1.1 所示。

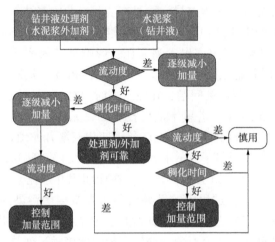

图 1.1　固井水泥浆接触污染单因素评价方法流程图

该方法的主要实验步骤包括：

（1）配制水泥浆：依据 API 规范，按照配方配制水泥浆。将处理剂单剂按照设计剂量加入到水泥浆中并搅拌。对于钻井液处理剂加入到固井水泥浆中的情况而言，各钻井液处理剂加量是以在模拟体积分数为 70% 水泥浆+体积分数为 30% 钻井液掺混条件下，根据30% 钻井液中各处理剂的最高有效含量进行添加，然后根据污染情况逐渐递减。对于固井水泥浆外加剂加入到钻井液中的情况，也可采取上述比例。

（2）流动度测试：采用流动度环测试钻井液处理剂单剂加入前后水泥浆的常温流动度和高温流动度。高温流动度实验条件为：水泥浆在常压稠化仪 90℃ 下预制 2h，测试其流动度值。

（3）稠化时间测试：采用高温高压稠化仪测试钻井液处理剂单剂加入前后水泥浆的稠化时间。

该方法的评价原理如下：

（1）单一处理剂安全性判别原则。

①流变性较好且高温高压稠化时间实验过关的混合流体所采用的钻井液处理剂安全。

②流变性较差的混合流体所采用的钻井液处理剂不安全。

③流变性较好但高温高压稠化时间实验不过关的混合流体所采用的钻井液处理剂不安全。

（2）完全外加剂加量实验。

①前期实验：上述原则中描述的各种处理剂加量均按实际体系中的加量进行实验。

②将前期实验评价得到的不安全固井水泥浆外加剂或钻井液处理剂的加量减小进行实验。如在一定加量下能满足上述安全判别原则，则认为此固井水泥浆外加剂或钻井液处理剂存在不造成污染的最佳加量；如在极其微量的加量下仍然不安全，则将此固井水泥浆外加剂或钻井液处理剂最终认定为重污染源。

1.1.2 单一钻井液处理剂对固井水泥浆性能的影响

为明确川渝地区哪一种或哪一类钻井液处理剂对水泥浆污染最严重，本章选取了14种川渝地区常用钻井液处理剂（降黏剂磺化单宁 SMT、磺化褐煤 SMC、磺甲基酚醛树脂 SMP-1、钻井液用腐植酸钾 KHM、降滤失剂 HPS、降滤失剂特种树脂 SHR、降黏剂 JN-A、降滤失剂 MG-1、聚合物降滤失剂 LS-2、生物增黏剂、防塌剂聚丙烯酰胺钾盐 KPAM、前置液防稠剂 KR102、前置液防稠剂 YH-S 和降滤失剂 RLC-101），开展了不同加量条件下，单一钻井液处理剂对川渝地区深井 L02-4 井 ϕ177.8mm 套管固井缓凝常规密度水泥浆和 L104 井 ϕ127mm 尾管固井缓凝高密度水泥浆工程性能影响的实验研究[9-11]。

1.1.2.1 钻井液处理剂对常规密度水泥浆流动度的影响

考察了14种钻井液处理剂对 L02-4 井 ϕ177.8mm 套管固井缓凝常规密度水泥浆流动度的影响规律。常规密度水泥浆的常温流动度为25cm，高温流动度为22cm，稠化时间为300min。高温流动度测定的实验条件规定为：水泥浆在常压稠化仪90℃下预置2h，测试其流动度值。实验数据见表1.1。

表1.1 单一钻井液处理剂对常规密度水泥浆流动度的影响

序号	钻井液处理剂	加量	常温流动度(cm)	高温流动度(cm)
1	降黏剂磺化单宁 SMT	3%	很稠	—
		1.5%	稠	—
		1.2%	18	13
		1%	20	12
		0.8%	19	18.5
		0.5%	21	20
		0.1%	24	24
2	磺化褐煤 SMC	3%	15.5	—
		2%	21	24
		1%	19.5	24
		0.5	23	20
		0.1%	25	20
3	磺甲基酚醛树脂 SMP-1	3%	24	很稠
		2%	25	很稠
		1%	25	18
		0.5%	24	18
		0.3%	23	20
		0.1%	25	25

序号	钻井液处理剂	加量	常温流动度（cm）	高温流动度（cm）
4	钻井液用腐植酸钾 KHM	3%	很稠	—
		1%	22	24
		0.3%	23	18
		0.1%	24	20
5	降滤失剂 HPS	0.3%	18.5	19
		0.1%	24	24
6	降滤失剂特种树脂 SHR	3%	24	24
		1%	25	25
		0.3%	25	25
		0.1%	24	25
7	降黏剂 JN-A	1%	22	19
		0.3%	25	25
		0.1%	24	>25
8	降滤失剂 MG-1	0.3%	20	17.5
		0.1%	>25	>25
9	聚合物降滤失剂 LS-2	0.4%	18	21
		0.2%	>25	>25
		0.1%	25	>25
10	生物增黏剂	2%	25	干稠
		0.5%	25	15
		0.3%	>25	18
		0.2%	>25	15
		0.1%	>25	>25
11	防塌剂聚丙烯酰胺钾盐 KPAM	0.6%	干稠	—
		0.3%	干稠	—
		0.1%	干稠	—
12	前置液防稠剂 KR102	5%	25	25
		0.5%	>25	>25
		0.3%	>25	>25
		0.1%	>25	>25
13	前置液防稠剂 YH-S	5%	干稠	—
		3%	稠	—
		1%	21	18
		0.3%	>25	23
		0.1%	>25	>25

序号	钻井液处理剂	加量	常温流动度(cm)	高温流动度(cm)
14	降滤失剂 RLC-101	5%	15	22
		3%	18	15
		1%	25	25
		0.3%	>25	>25
		0.1%	25	25

部分钻井液处理剂对常规密度水泥浆流动度的影响如图1.2所示。

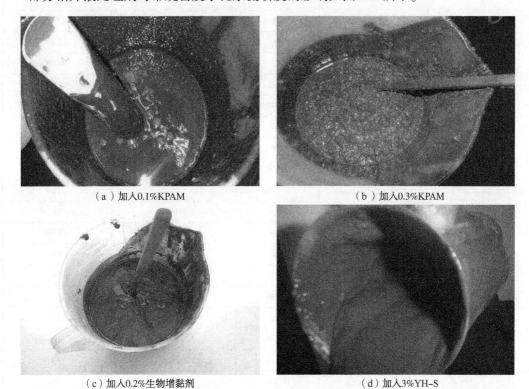

（a）加入0.1%KPAM　　　　　　　　　（b）加入0.3%KPAM

（c）加入0.2%生物增黏剂　　　　　　　（d）加入3%YH-S

图1.2　钻井液处理剂对常规密度水泥浆流动度的影响

由上述实验数据可知：（1）对常规密度水泥浆流变性能无影响或影响甚微的钻井液处理剂包括HPS、SHR、JN-A、MG-1、LS-2、KR102、RLC-101；（2）对常规密度水泥浆流变性能影响较大的钻井液处理剂包括SMP-1、KHM、KPAM、YH-S，其在水泥浆中的比例应分别控制在1%、1%、0%、1%以内；（3）对常规密度水泥浆流变性能有一定影响的钻井液处理剂包括SMT、SMC、生物增黏剂，其在水泥浆中的比例应分别控制在1.2%、2%、0.5%以内。

1.1.2.2　钻井液处理剂对高密度水泥浆流动度的影响

考察了14种钻井液处理剂对L104井φ127mm尾管固井缓凝高密度水泥浆流动度的影响规律。高密度水泥浆的常温流动度为20cm，高温流动度为19cm，稠化时间为320min。同样，高温流动度测定的实验条件规定为：水泥浆在常压稠化仪90℃下预置2h，测试其流动度值。实验数据见表1.2。

表 1.2 单一钻井液处理剂对高密度水泥浆流变性能的影响

序号	钻井液处理剂	加量	常温流动度(cm)	高温流动度(cm)
1	降黏剂磺化单宁 SMT	3%	很稠	—
		1.5%	稠	—
		0.6%	18	18.5
		0.3%	20	20
2	磺化褐煤 SMC	3%	13	—
		1%	18	16
		0.5	19	19
3	磺甲基酚醛树脂 SMP-1	3%	很稠	很稠
		2%	很稠	很稠
		1%	16	很稠
		0.5%	18	16
		0.3%	19	18
4	钻井液用腐植酸钾 KHM	3%	很稠	很稠
		1%	18	16
		0.3%	19	14
5	降滤失剂 HPS	0.3%	18	14
		0.1%	18	18
6	降滤失剂特种树脂 SHR	3%	很稠	很稠
		1%	20	19
		0.3%	20	18
		0.1%	20	20
7	降黏剂 JN-A	1%	19	16
		0.3%	19	18
		0.1%	20	20
8	降滤失剂 MG-1	0.3%	20	18
		0.1%	20	21
9	聚合物降滤失剂 LS-2	0.4%	20	17
		0.2%	19	19
		0.1%	21	19
10	生物增黏剂	2%	干稠	干稠
		0.5%	干稠	干稠
		0.3%	16	很稠
		0.2%	18	12
		0.1%	20	18
11	防塌剂聚丙烯酰胺钾盐 KPAM	0.6%	干稠	干稠
		0.3%	干稠	干稠
		0.1%	干稠	干稠

序号	钻井液处理剂	加量	常温流动度(cm)	高温流动度(cm)
12	前置液防稠剂 KR102	1%	20	15
		0.5%	19	15
		0.3%	19	17
13	前置液防稠剂 YH-S	5%	干稠	干稠
		3%	稠	干稠
		1%	17	14
14	降滤失剂 RLC-101	5%	稠	稠
		3%	稠	稠
		1%	19	18
		0.3%	18	18

部分钻井液处理剂对高密度水泥浆流动度的影响如图1.3所示。

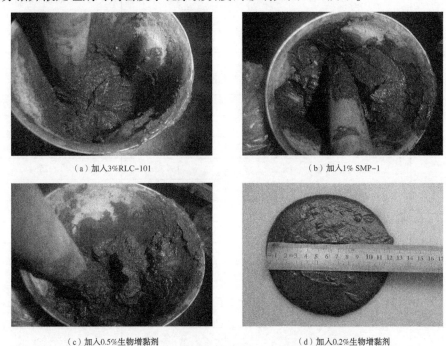

（a）加入3%RLC-101　　　　　　　　（b）加入1% SMP-1

（c）加入0.5%生物增黏剂　　　　　　（d）加入0.2%生物增黏剂

图1.3　钻井液处理剂对高密度水泥浆流动度的影响

由上述实验数据可知：（1）钻井液处理剂对高密度水泥浆流变性能的影响规律与常规密度相比较，变化不大；（2）高密度水泥浆与常规密度水泥浆所用油井水泥、油井水泥外加剂相同，其差异主要在于高密度水泥浆的固相含量高，液固比较低，水泥浆流动性较差。应更加重视钻井液处理剂对高密度水泥浆流动性的影响。

1.1.2.3　钻井液处理剂对常规密度水泥浆稠化时间影响

在前期流变性能实验基础上，将各种钻井液处理剂加入到水泥浆中开展高温高压污染稠化实验，考察其对常规密度水泥浆稠化时间的影响，见表1.3。稠化实验条件为：105℃×60MPa×50min。

表 1.3 单一钻井液处理剂对常规密度水泥浆稠化时间的影响

序号	钻井液处理剂	加量	稠化时间(min)
1	降黏剂磺化单宁 SMT	1%	170
		0.8%	208
		0.5%	238
		0.1%	256
2	磺化褐煤 SMC	1%	390
		0.5%	420min 未稠
		0.1%	295
3	磺甲基酚醛树脂 SMP-1	1%	220
		0.5%	106
		0.3%	454
		0.1%	274
4	钻井液用腐植酸钾 KHM	1%	480min 未稠
		0.3%	378
		0.1%	338
5	降滤失剂 HPS	0.3%	340min 未稠
		0.1%	420
6	降滤失剂特种树脂 SHR	1%	360min 未稠
		0.3%	462
		0.1%	459
7	降黏剂 JN-A	1%	255
		0.3%	323
		0.1%	451
8	降滤失剂 MG-1	0.3%	373min 未稠
		0.1%	336
9	聚合物降滤失剂 LS-2	0.4%	514
		0.2%	317
		0.1%	437
10	生物增黏剂	0.5%	63
		0.3%	115
		0.2%	168
		0.1%	231
11	防塌剂聚丙烯酰胺钾盐 KPAM	因混浆干稠，无法开展稠化实验	
12	前置液防稠剂 KR102	5%	420min 未稠
		0.5%	385
		0.3%	205
		0.1%	148

序号	钻井液处理剂	加量	稠化时间（min）
13	前置液防稠剂 YH-S	1%	493min 未稠
		0.3%	363min 未稠
		0.1%	399min
14	降滤失剂 RLC-101	3%	493min 未稠
		1%	444min 未稠
		0.3%	297min
		0.1%	368min

SMT、HPS、SMC、SMP、KHM、SHR、JN-A、MG-1、LS-2 对常规密度水泥浆稠化时间影响的部分实验曲线如图 1.4 所示。

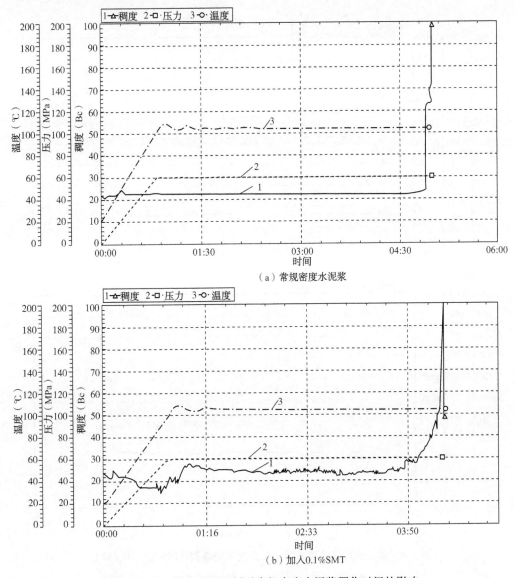

（a）常规密度水泥浆

（b）加入0.1%SMT

图 1.4　单一钻井液处理剂对常规密度水泥浆稠化时间的影响

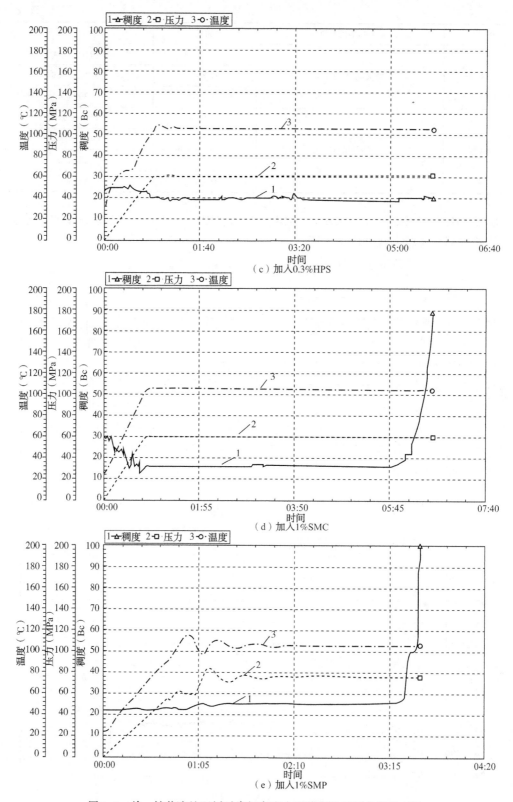

图 1.4　单一钻井液处理剂对常规密度水泥浆稠化时间的影响（续）

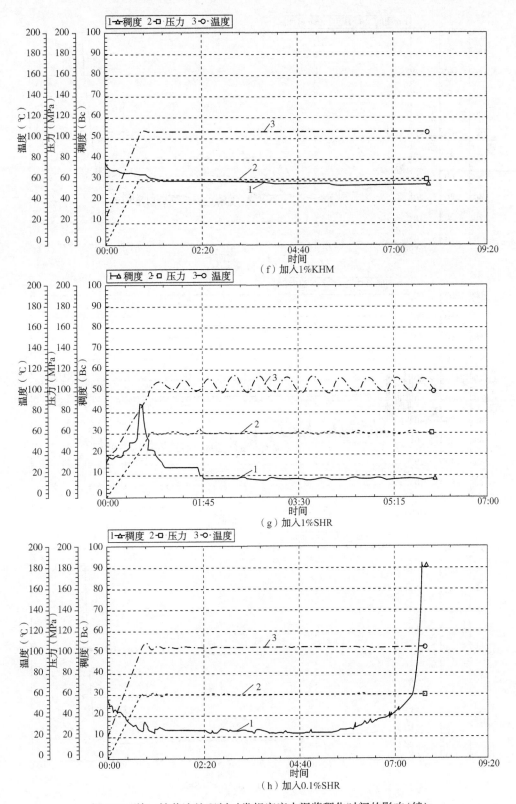

图 1.4　单一钻井液处理剂对常规密度水泥浆稠化时间的影响(续)

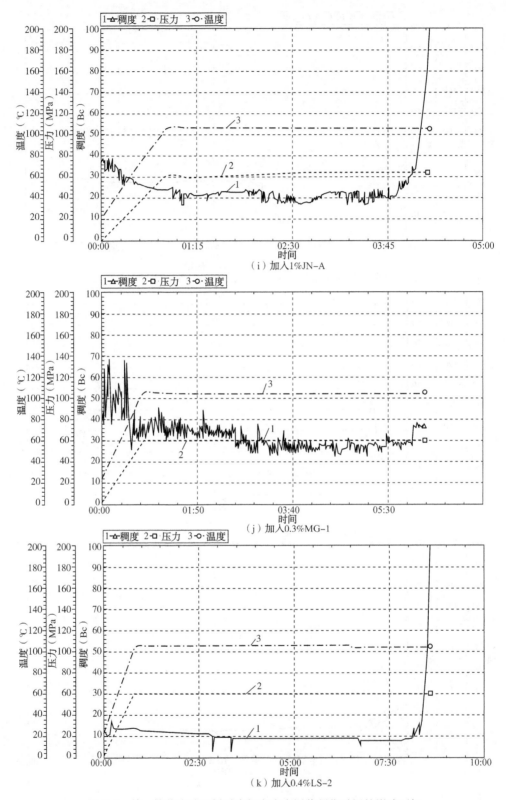

图1.4 单一钻井液处理剂对常规密度水泥浆稠化时间的影响(续)

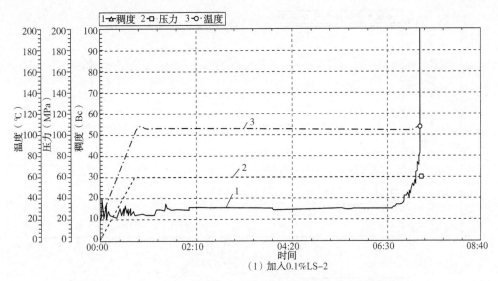

（1）加入0.1%LS-2

图 1.4 单一钻井液处理剂对常规密度水泥浆稠化时间的影响(续)

由上述实验数据可知：（1）在一定加量范围内，SMC、KHM、HPS、SHR、MG-1、LS-2、YH-S、RLC-101 能够延长水泥浆稠化时间，且对流动度无不良影响；（2）KPAM、生物增黏剂能够急剧缩短水泥浆稠化时间，且这种影响不可控；（3）SMT、SMP-1、JN-A能够缩短水泥浆稠化时间，但影响可控，其加量应控制在 0.5%、0.3%、0.3% 以内。

1.1.2.4 钻井液处理剂对高密度水泥浆稠化时间影响

将各种钻井液处理剂加入到高密度水泥浆中开展污染稠化实验，考察钻井液处理剂对高密度水泥浆稠化时间的影响，实验结果见表 1.4，KHM、MG-1 对高密度水泥浆稠化时间影响部分实验曲线如图 1.5 所示。稠化实验条件为：105℃×60MPa×50min。

表 1.4 单一钻井液处理剂对高密度水泥浆稠化时间的影响

序号	钻井液处理剂	加量	稠化时间（min）
1	SMC	1%	185
		0.5%	240
2	KHM	1%	270
		0.3%	330
3	降滤失剂 HPS	0.3%	350
		0.1%	340
4	降滤失剂特种树脂 SHR	1%	343
		0.3%	385
5	降滤失剂 MG-1	0.3%	390min 未稠
		0.1%	370

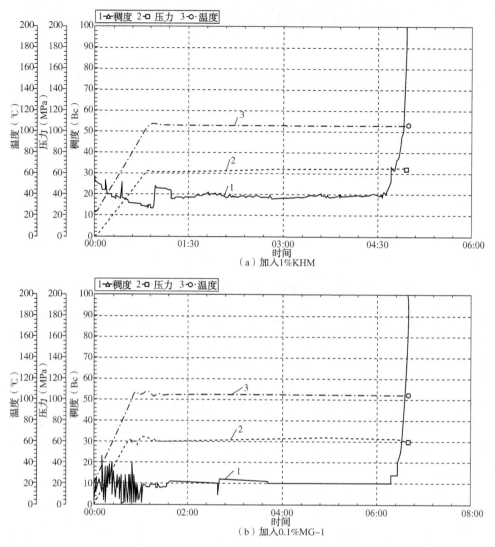

图 1.5 MG-1、KHM 对高密度水泥浆稠化时间的影响

由表 1.4 和图 1.5 可知,钻井液处理剂对高密度水泥浆稠化时间的影响规律与常规密度相似。

1.1.3 防塌剂 KPAM 与生物增黏剂对固井水泥浆污染机理

流动度和污染稠化时间测试结果表明,防塌剂 KPAM 和生物增黏剂在很少加量情况下就会对固井水泥浆产生严重的污染,属于重污染源。为进一步分析这两种处理剂对固井水泥浆的污染机理,本部分利用红外光谱、XRD、SEM-EDS 等现代分析测试方法对 KPAM 和生物增黏剂的污染机理进行了分析。

1.1.3.1 防塌剂 KPAM、生物增黏剂对水泥浆污染的红外光谱分析

聚丙烯酰胺钾盐 KPAM,为含羧钾聚丙烯酰胺衍生物,分子量为 200 万~300 万,是一种强抑制页岩分散剂,具有控制地层造浆的作用并兼有降失水、改善流型及增加润滑性等功能。防塌剂 KPAM 的红外光谱图如图 1.6 所示。样品检测到的主要基团见表 1.5。

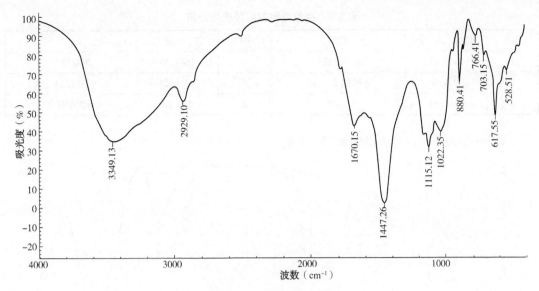

图 1.6　KPAM 红外光谱图

表 1.5　KPAM 红外光谱分析

序号	波数(cm^{-1})	基团	序号	波数(cm^{-1})	基团
1	3456.68	酰胺基-CONH$_2$	4	1275.46	羧基-COOH
2	2108.76	炔烃类 C≡C	5	1113.36	羟基-OH
3	1374.65	烯烃类 C=C			

生物增黏剂主要由多种精细化工原料组成，分子量较大，本身在水中溶解后，液相黏度比较大。生物增黏剂分子中同时具有吸附基团和水化基团，通过吸附基团相互吸附成网和吸附基团在黏土颗粒表面吸附，形成聚合物链上联结多个黏土颗粒而架桥，同时提高钻井液液相黏度来增加钻井液黏度。生物增黏剂的红外光谱图如图 1.7 所示。样品检测到的主要基团见表 1.6。

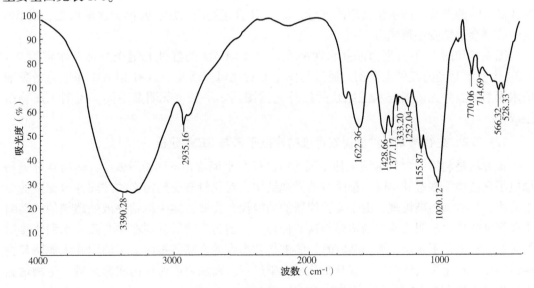

图 1.7　生物增黏剂红外光谱图

表 1.6 生物增黏剂红外光谱分析

序号	波数（cm^{-1}）	基团	序号	波数（cm^{-1}）	基团
1	3431.80	醇、酚缔合	4	1644.24	酰胺缔合
2	2934.10	饱和 C(C—H)	5	1026.27	芳香胺
3	2166.82	C≡N	6	520.28	单溴取代物

油井水泥原浆的红外光谱图如图 1.8 所示。

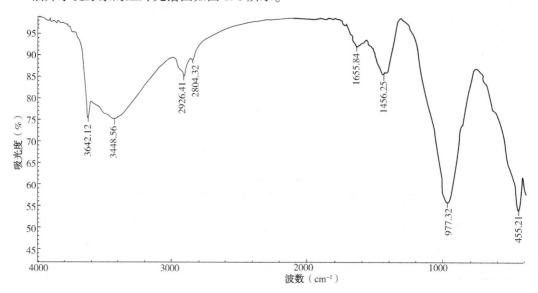

图 1.8 水泥原浆红外光谱图

由图 1.8 可知，3100~3700cm^{-1} 和 1655cm^{-1} 处吸收峰代表 H_2O 分子，3445cm^{-1} 处的峰值是石膏($CaSO_4 \cdot 2H_2O$)和半水化合物($CaSO_4 \cdot 0.5H_2O$)中水分子的 O-H 收缩振动；在 3641cm^{-1} 处出现了特征水化产物 $Ca(OH)_2$ 的 O-H 收缩振动峰。在 454.84cm^{-1} 附近处出现了未水化的 C_3S 特征峰，在 978cm^{-1} 处出现峰位代表有 C-S-H 的形成，1120cm^{-1} 处的吸收峰代表 AFt 的形成，随水化反应的进行，C-S-H 含量逐渐增加，峰值会逐渐增强，而 AFt 的吸收峰会逐渐变小形成肩。

图 1.9 和图 1.10 分别为油井水泥原浆+0.3%KPAM 的红外光谱图与油井水泥原浆+0.3%生物增黏剂的红外光谱图。通过与图 1.8 对比可以看出，掺有 KPAM 和生物增黏剂的水泥浆的红外光谱图与水泥原浆的红外光谱图基本一致，无明显不同，说明无新物质生成。

1.1.3.2 生物增黏剂对水泥浆污染的冷冻干燥与 SEM 分析

该方法是利用-196℃的液氮使受到污染的固井水泥浆在不同阶段骤冷，然后在环境扫描电子显微镜下观看其不同污染阶段的微观结构，对比没有受到污染的纯固井水泥浆的微观结构，分析其污染机理。由于实验仪器的局限性，在此方案中将钻井液处理剂的种类缩小在污染效果比较明显的生物增黏剂这一种类上。因为生物增黏剂在初与固井水泥浆接触的时候，污染并不明显，然而随着时间的推移和温度的升高，被污染了的固井水泥浆就会慢慢稠化，直至失去流动性，有利于分析污染过程。而从之前所做的实验来看，生物增黏剂的加量选择在 0.5%是最适宜的。

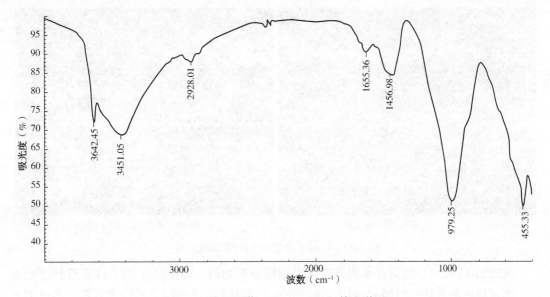

图 1.9 水泥原浆+0.3%KPAM 红外光谱图

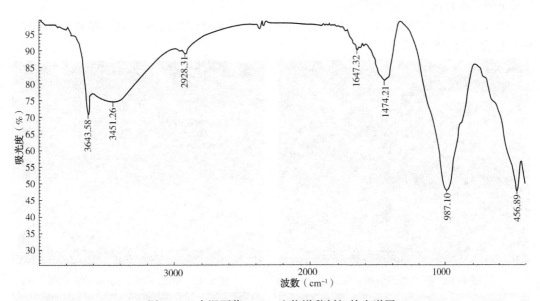

图 1.10 水泥原浆+0.3%生物增黏剂红外光谱图

实验步骤为：(1)依然使用上述配方的固井水泥浆体系，同时配制纯固井水泥浆和加入 0.5%生物增黏剂的受污染固井水泥浆。由于加入生物增黏剂的固井水泥浆在 90℃下稠化而失去流动性的时间仅为 10min，故分别选择 1min、4min、7min、10min 四个时间点的固井水泥浆制样。同时对应纯固井水泥浆选择相同时间的点，用于作对比实验。(2)将制好的样用液氮骤冷冻干燥，固井水泥浆中的水迅速汽化，得到干燥的固体，使固井水泥浆不能进一步稠化，停留在正在稠化的那一刻。(3)将得到的样按次序放入 FEI Quanta 450 环境扫描电子显微镜中观察其不同放大倍数下的显微结构，对比纯固井水泥浆的显微结构，分析生物增黏剂的污染机理。

纯固井水泥浆放大 2000 倍的 SEM 图如图 1.11 所示。

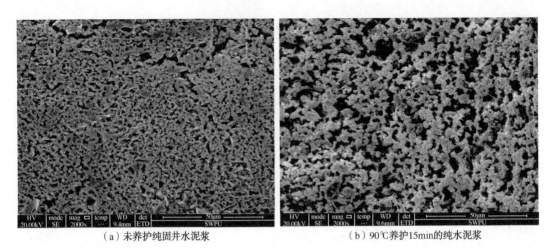

（a）未养护纯固井水泥浆　　　　　　　（b）90℃养护15min的纯水泥浆

图 1.11　冷冻干燥后纯水泥浆 SEM 图片

从图 1.11 可知，纯固井水泥浆中水泥颗粒分布均匀，即便是在 90℃高温养护下也如此，随着温度的升高和时间的延长，纯固井水泥浆因为水化胶凝会形成大颗粒，但是固井水泥浆的基本性能不会受到影响。

加入 0.5%生物增黏剂后被污染的固井水泥浆不同时间段的 SEM 图（放大 2000 倍）如图 1.12 至图 1.15 所示。

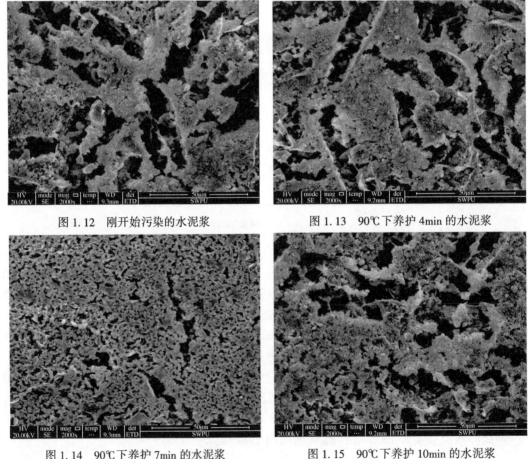

图 1.12　刚开始污染的水泥浆　　　　　　图 1.13　90℃下养护 4min 的水泥浆

图 1.14　90℃下养护 7min 的水泥浆　　　　图 1.15　90℃下养护 10min 的水泥浆

图中的孔洞是固井水泥浆中的水分子被液氮汽化后留下的间隙。生物增黏剂刚开始污染固井水泥浆的时候(图 1.12),由于接触的时间不长,污染并不明显,固井水泥浆还处于比较优良的性能中,水泥颗粒分布也比较均匀;随着时间的延长及温度的升高(图 1.13),污染的程度加重,固井水泥浆中开始出现絮状物质,同时有物质团聚的现象出现,这时的团聚颗粒还比较小;当养护到第 7min 的时候(图 1.14),固井水泥浆中絮状物质逐渐增多,形成污染胶凝结构,结构中孔洞减少缩小,同时团聚现象更加明显,固井水泥浆的整体结构比较脆弱,质地比较松软;随着时间增加(图 1.15),污染胶凝结构体积越来越大,这时的固井水泥浆已经基本失去流动性,污染已经达到最严重的地步。对比前面的纯固井水泥浆未养护和养护后的(图 1.11)SEM 图片,可以很清晰地看出固井水泥浆体系总体结构发生了很大的变化。

生物增黏剂污染固井水泥浆的过程可以概括为:生物增黏剂对固井水泥浆的污染是随时间的延长和温度的升高而不断加重的。生物增黏剂破坏了固井水泥浆的水化过程,迅速地生成某种絮状物质,形成污染胶凝结构。然后絮状物不断地增多,最后团聚在一起形成比较大的颗粒,同时自由水分子因为这种反应而被圈闭,使得用于保持浆体流动性的自由水分子因此而减少。这种变化在宏观上的表现即是固井水泥浆中水分不断减少,流动度不断降低,直至失去流动性。

1.1.3.3 防塌剂 KPAM、生物增黏剂对水泥浆污染的 SEM 分析

前面主要分析了防塌剂 KPAM 和生物增黏剂的掺入对水泥浆流动性的影响,这主要是与固井安全有关。固井水泥石的强度和结构则是决定固井水泥环层间封隔的关键。本部分利用扫描电镜(SEM)分析了防塌剂 KPAM 和生物增黏剂的掺入对水泥石结构的影响。

试验结果如图 1.16 至图 1.19 所示,分别为水泥原浆、常规密度固井水泥浆和高密度固井水泥浆,加入 KPAM 和生物增黏剂 90℃水浴养护 48h 后的水泥石的 SEM 分析照片。可以看出,原浆水泥石中水化产物分布较为均匀,生成了许多细长须状和絮状的 C-S-H 水化产物,彼此交织、混杂在一起。而加入 0.1%KAMP 后的水泥石中须状物质显著减少,絮状 C-S-H 也有所减少。加入 0.3%KPAM 后的水泥石水化产物中,絮状 C-S-H 周围的针状物质几乎消失,并且絮状 C-S-H 分布不连续。对比图 1.16 发现,加入 0.3%生物增黏剂后,水泥石水化产物中针状物质完全消失,细小颗粒状物质也几乎消失,形成大量块状物,这可能与污染胶凝结构的形成有关。

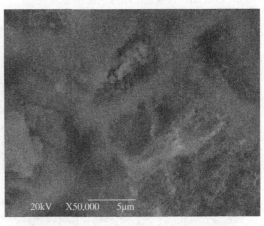

图 1.16　水泥原浆 SEM 照片　　　　　图 1.17　水泥原浆+0.1%JX-1 SEM 照片

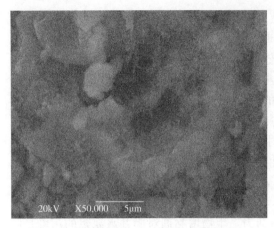

图1.18 水泥原浆+0.3% JX-1 SEM 照片

图1.19 水泥原浆+0.3%生物增黏剂 SEM 照片

图1.20至图1.22为常规密度水泥浆空白样及掺杂钻井液处理剂的 SEM 图。通过对比可知，常规密度固井水泥浆水化产物中，也有大量的须状水化产物生成，分布均匀，且伴随着一些细小颗粒状物质。加入0.3%KAMP 后，须状物质大量减少，颗粒物质变大，并且有一定团聚现象。加入0.3%生物增黏剂后，须状物质大量消失，颗粒物质增加，并且有明显团聚现象。

图1.20 常规密度固井水泥浆 SEM 图

图1.21 常规密度固井水泥浆+0.3%JX-1 SEM 图

图1.22 常规密度固井水泥浆+0.3%生物增黏剂 SEM 图

图1.23至图1.25为高密度水泥浆空白样及掺杂钻井液处理剂的 SEM 图。同样通过对比可知，高密度固井水泥浆水化产物为大量块状絮凝 C-S-H，分布均匀，且比较致密，几乎没有发现针状和颗粒状的水化产物。加入0.3%KPAM后，块状水化产物相比未加时更加疏松，且块状物质较小。加入0.3%生物增黏剂后，水泥块状水化产物分散。

图 1.23　高密度固井水泥浆 SEM 图

图 1.24　高密度固井水泥浆+0.3%JX-1 SEM 图

图 1.25　高密度固井水泥浆+0.3%生物增黏剂 SEM 图

1.1.3.4　防塌剂、生物增黏剂对水泥浆污染的 XRD 分析

利用 X 射线衍射分析(XRD)对加入一定量防塌剂(KPAM)和生物增黏剂的混浆水泥石进行物相分析,主要用于分析混浆中是否产生了新的物相。对水泥净浆、水泥净浆+0.3% KPAM 进行 XRD 分析,结果如图 1.26 和图 1.27 所示。

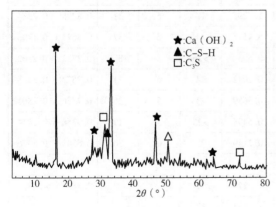

图 1.26　水泥净浆 XRD 图谱

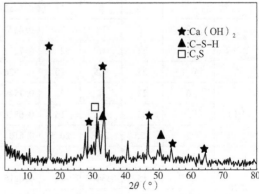

图 1.27　水泥净浆+0.3%KPAM 的 XRD 图谱

从 XRD 图谱可以看出，水泥浆中物相主要有 Ca(OH)$_2$、C$_3$S、C-S-H 等。通过比较可以发现，加入 KPAM 后 Ca(OH)$_2$的特征峰强度下降，原因应是加入 KPAM 后，分子链包裹吸附了大量水分子，从而减缓了水化过程，造成相同时间内含量减少，表现在图谱上就是峰强下降。除 Ca(OH)$_2$的特征峰外，其他各物相结构特征峰的强度无明显变化，且所有物相结构特征峰均一致重合，实验结果充分说明，尽管水泥浆化学成分复杂，掺入 KPAM 后没有新物相结构生成。

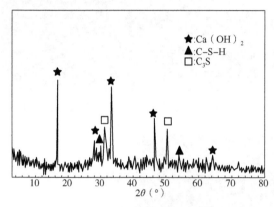

图 1.28　水泥净浆+0.3%生物增黏剂的 XRD 图谱

水泥净浆+0.3%生物增黏剂的 XRD 的分析结果如图 1.28 所示。

从 XRD 图谱可以看出，加入生物增黏剂后 Ca(OH)$_2$的特征峰强度下降，原因是加入生物增黏剂后，分子链包裹吸附大量水分子，减缓了水化过程，造成相同时间内含量减少，表现在图谱上就是峰强下降。除 Ca(OH)$_2$特征峰外，其他各物相结构特征峰强度无明显变化，且所有物相结构特征峰均一致重合，试验结果充分说明，尽管水泥浆化学成分复杂，掺入生物增黏剂后，仍没有新物相结构生成。

1.1.4　单一固井水泥浆外加剂对钻井液性能的影响

在以往接触污染研究中，人们更多关注的是水泥浆性能，而很少关注钻井液性能的变化。本部分选取了川渝地区 6 种固井水泥浆外加剂，开展了单一固井水泥浆外加剂对 L02-4 井钻井液的性能影响实验研究。L02-4 井钻井液密度为 1.85g/cm^3，不同固井水泥浆外加剂掺入对其流变性能影响的实验结果见表 1.7。

表 1.7　固井水泥浆外加剂对 L02-4 井钻井液流变性能的影响

水泥浆外加剂	加量(%)	常温					高温(90℃养护 20min 后测得)				
		流动度(cm)	初切(Pa)	终切(Pa)	n	K(Pa·s^n)	流动度(cm)	初切(Pa)	终切(Pa)	n	K(Pa·s^n)
钻井液		24	5	11	0.5850	1.7298	18	6	31	0.8396	0.2584
SDP-1	2	18	12	76	0.4573	5.4575	24	6	37	0.8625	0.1296
	1	22	16	82.5	0.7233	0.5953	>25	3	18.5	0.7732	0.2262
	0.1	25	3.5	20	0.7926	0.2042	24		31	0.7572	0.3228
SD10	6	22	4	20	0.7549	0.3689	23	5	25	0.7776	0.2801
	5	25	4.5	16	0.6828	0.5494	>25		19	0.7258	0.2874
	3	>25	3.5	20.5	0.8105	0.2119	22	6	30	0.6503	0.6376
SD18	1.5	干稠									
	0.5	15	34	72	0.6215	1.3774	11			0.4866	4.4736
	0.3	15	39	111	0.6374	1.2951	12				
	0.1	20	18	69.5	0.5564	1.8923	17			0.7030	0.5480

水泥浆外加剂	加量(%)	常温					高温(90℃养护20min后测得)				
		流动度(cm)	初切(Pa)	终切(Pa)	n	K(Pa·s^n)	流动度(cm)	初切(Pa)	终切(Pa)	n	K(Pa·s^n)
SD32	2	>25	1	5.5	0.8129	0.1188	>25	1.5	5	0.8249	0.1043
	1.5	>25	1.5	5	0.8420	0.1420	>25	3.5	22	0.8021	0.1340
	1	>25	1	6.5	0.7922	0.1498	>25	4	17	0.6781	0.3350
	0.5	>25	2	8.5	0.8074	0.1330	>25	5	15	0.7975	0.1485
SD12	3	24	11.5	45	0.6453	0.7123	16	12.5	47.5	0.6781	0.7445
	2	24	5.5	27	0.6939	0.4587	17	12.5	40	0.6359	0.6297
	0.5	26	1.5	11.5	0.7753	0.2111	>25				
SD21	1.5	25			0.6477	0.5399	23			0.6057	0.8067

由上述实验数据可知：（1）降失水剂 SD18 对钻井液流变性能有较大影响；（2）SDP-1、SD10、SD32、SD12、SD21 等对钻井液流变性能均无明显负面影响。

进一步将不同固井水泥浆外加剂掺入到钻井液中，用稠化实验方法考察高温高压条件下，固井水泥浆外加剂掺入对钻井液流动性能的影响，实验结果如表1.8和图1.29所示。实验结果表明：（1）降失水剂 SD18、SD12 对混合流体的初稠有较大影响；（2）SDP-1、SD10、SD32、SD21 等对混合流体的初稠、稠化时间等均无明显负面影响。

表 1.8　固井水泥浆外加剂对 L104 井钻井液稠化时间的影响

外加剂	加量(%)	初稠稠度(Bc)	稠化时间(min)
SDP-1	2	26	未稠
SD10	6	24.2	未稠
SD18	1.5	35.3	初稠过高
SD32	2	15.3	未稠
SD12	3	66.9	初稠过高

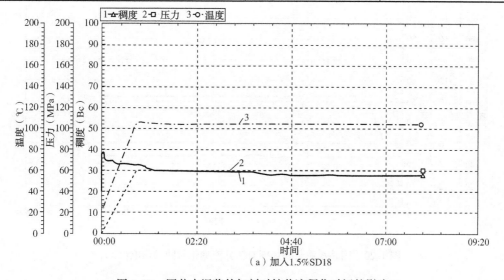

（a）加入1.5%SD18

图 1.29　固井水泥浆外加剂对钻井液稠化时间的影响

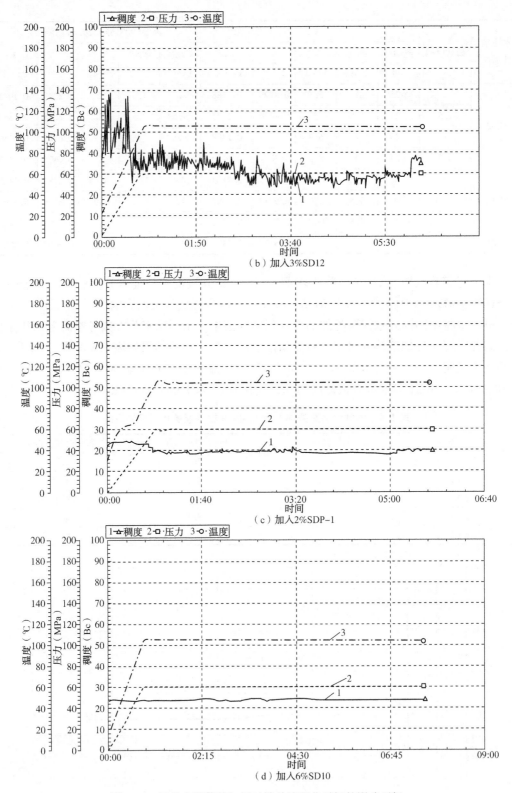

图 1.29　固井水泥浆外加剂对钻井液稠化时间的影响(续)

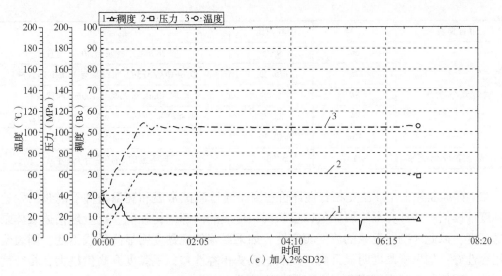

图 1.29　固井水泥浆外加剂对钻井液稠化时间的影响(续)

1.2　固井工作液相容性评价方法

　　水泥浆、前置液、钻井液三者之间相容性的好坏是决定固井作业能否安全顺利进行的重要前提，而科学评价三者之间的相容性则是这一前提的先决条件。API 标准中虽然已有固井工作液相容性评价方法，但川渝油气田固井科研人员在研究和实践中发现，API 标准中的固井工作液相容性评价方法存在对施工风险估计不足、针对性不强、安全系数低等缺点，特别是对于川渝地区深井超深井、高温高压井而言，单井投资巨大、固井风险更高，对固井工作液的相容性要求也更高，因此 API 标准方法在实际应用中很少。针对 API 相容性评价标准的不足，川渝油气田固井科研人员在研究和实践的基础上，形成了一套川渝油气田固井工作液相容性评价方法。

1.2.1　API 标准固井工作液相容性评价方法

　　API 标准相容性评价实验是长期以来固井现场作业中主要遵循的井下流体相容性评价标准，如表 1.9 所示，其主要技术观点是认为前置液在注水泥过程中能够有效地分隔钻井液与水泥浆，因此井下只存在钻井液与前置液、前置液与水泥浆两种两相流体污染情况，并据此开展两相流体污染实验，主要包括了流变性相容实验和污染稠化实验两大部分。

表 1.9　API 流变性相容实验

混合类别	序号	容积比	混合容积
钻井液/前置液	1#	95/5	取 760mL 钻井液与 40mL 前置液
	2#	75/25	取 1#样品 375mL 钻井液与 100mL 前置液
	3#	5/95	取 40mL 钻井液与 760mL 前置液
	4#	25/75	取 3#样品 375mL 钻井液与 100mL 前置液
	5#	50/50	取等量的 1#样品与 3#样品

混合类别	序号	容积比	混合容积
水泥浆/前置液	6#	95/5	取 760mL 水泥浆与 40mL 前置液
	7#	75/25	取 6#样品 375mL 水泥浆与 100mL 前置液
	8#	5/95	取 40mL 水泥浆与 760mL 前置液
	9#	25/75	取 8#样品 375mL 水泥浆与 100mL 前置液
	10#	50/50	取等量的 6#样品与 8#样品
钻井液/前置液/水泥浆	11#	25/50/25	取等量的 5#样品与 10#样品

API 标准固井工作液流变相容性评价主要是通过测试常温和高温条件下混浆的六速旋转黏度计读值，并计算混浆屈服值以反映混浆形成的内部结构强弱，定量地描述浆体泵送难易程度，以此来判断混浆的流变相容性。如果混浆的视黏度明显降低或不变，则表明流变相容性好；如果视黏度明显升高，则表明流变相容性差，视黏度升高值越大，相容性越差。若出现絮凝、闪凝等现象，也表明相容性差。

具体步骤为：(1)实验中的钻井液必须从现场取样(至少备 1000mL)，实验前充分搅拌以破坏钻井液的胶凝结构和悬浮固相沉淀物；(2)实验中的水泥浆应取自现场固井将使用的同批次水泥，用现场水按 API 规范配成水泥浆(至少备 1000mL)；(3)按照配方配置至少 2000mL 的前置液。为节省基浆量和混合次数，可按表 1.10 的次序和比例进行前置液、水泥浆、钻井液的接触混合。室温条件下，混合物的流变相容性按上述方法在室温常压下进行；加热条件下，混合物的流变相容性根据温度的高低操作过程有所区别：当循环温度低于 90℃ 时，可用常压稠化仪将实验样品升至循环温度后，再移至旋转黏度计上进行流变实验；当循环温度高于 90℃ 时，应将实验样品放入增压稠化仪加热至循环温度，然后迅速冷却至沸点以下，取出样品，测其 60℃ 的流变性。

API 标准固井工作液污染稠化相容性评价是将前置液与水泥浆按容积比 5∶95、25∶75、50∶50 混合后，将水泥原浆及混合样品按 API 规范进行稠化时间实验并进行对比。其中混合样品的稠化时间不应低于原浆的稠化时间，混合物的实验运转时间可以不超过原浆的稠化时间，但要记录混合物的稠度。抗压强度影响实验是将前置液与水泥浆按容积比 5∶95、25∶75、50∶50 混合后测量其抗压强度，并与水泥原浆进行对比。

可以看出，API 标准评价方法中考虑的混浆是以钻井液与前置液、前置液与水泥浆的两相混浆为主，而忽略了在注水泥过程中由于井眼不规则、井斜大、封固段长、顶替效率低等情况下，前置液不能完全替净和隔离钻井液，残留钻井液或钻井液窜槽产生三相混浆污染的情况。如前一节实验所示，如果钻井液中含有 KPAM、生物增黏剂的处理剂，那么即便在很小的钻井液掺混条件下都会引起混浆迅速地絮凝甚至失去流动性，这对固井作业安全和质量极为不利，因此有必要对 API 标准进行完善。

1.2.2 川渝油气田固井工作液相容性评价方法

针对 API 标准评价方法存在的不足，川渝油气田固井工作液相容性评价方法进一步考虑了井下环空流体流动与掺混模型，设计了新的井下流体相容性实验评价方法，同样的主要包括了流变性相容实验及污染稠化实验，但是掺混的流体类型及比例、实验量与 API 标准相比有较大的不同。

川渝油气田评价方法中常规污染规定了以两相及三相不同比例混浆流动度来评价钻井液、水泥浆、隔离液之间的相容性。污染稠化实验对钻井液与水泥浆、隔离液与水泥浆、钻井液、水泥浆、隔离液与冲洗液四相污染稠化时间做了相应规定，要求水泥浆与隔离液稠化时间及四相污染稠化时间必须大于施工时间，否则应对工作液性能进行调整，确保污染稠化时间达到要求。

川渝油气田评价方法中流变性相容实验主要定性考察钻井液、隔离液、水泥浆之间的相容性，为调整钻井液性能及采取其他工艺措施提供了依据。开展高温流变相容性实验时，采用水浴锅加热，以井底循环温度(当井底循环温度大于95℃时，实验温度取95℃)作为实验温度，以施工时间作为养护时间。

固井施工作业时，工作液包括了钻井液、隔离液、冲洗液和水泥浆，根据环空浆柱结构，现场流变性相容性实验包括了水泥浆与钻井液、水泥浆与隔离液及三相流体(水泥浆、钻井液、隔离液)相容性实验。考虑到井下环境复杂、井眼状况、流体物化性能不同，为了准确模拟井下实际情况，该标准制定了两相工作液及三相工作液不同混合比例的污染实验，见表1.10。

表1.10　川渝油气田固井工作液相容性评价实验内容

序号	水泥浆 (%)	钻井液 (%)	隔离液 (%)	常温流动度 (cm)	高温流动度 (cm)
1	—	100	—	≥18	≥12
2	100	—	—	≥18	≥12
3	—	—	100	≥18	≥12
4	50	50	—	实测	实测
5	70	30	—	实测	实测
6	30	70	—	实测	实测
7	1/3	1/3	1/3	≥18	≥12
8	70	20	10	≥18	≥12
9	20	70	10	≥18	≥12
10	5	—	95	≥18	≥12
11	95	—	5	≥18	≥12
12	90	10	—	≥18	≥12

为了真实模拟井下实际情况，川渝油气田评价方法中污染稠化实验的温度根据井底循环温度确定，压力根据钻井液在井底产生的静液柱压力确定，升温时间根据水泥浆从井口到井底的循环时间确定。

(1)取水泥浆：钻井液＝7∶3的混浆做污染稠化实验，主要目的是了解钻井液对水泥浆的污染程度；

(2)取水泥浆：隔离液＝7∶3的混浆做污染稠化实验，稠化时间(40Bc)大于施工总时间；

(3)取水泥浆：钻井液(或先导浆)：隔离液＝7∶2∶1的混浆做污染稠化实验，稠化时间(40Bc)大于施工总时间；如果该组不能满足施工要求，则做水泥浆：钻井液(或先导浆)：隔离液：冲洗液＝7∶2∶1∶0.5的混浆污染稠化实验，稠化时间(40Bc)大于施工总时间。

两种评价方法相比较，川渝油气田评价方法以混浆流动度来评价工作液之间的流变相容性更加直观，通过测量混浆的流动度，可为混浆是否具备可泵送条件提供依据，同时现场操作也更简便。API 标准是通过测量两相混浆六速读值来反映相容性，其实质是根据测量结果计算出混浆屈服值，定量地描述浆体泵送的难易程度。在污染稠化评价方面，两种评价方法的实验内容大不相同，川渝油气田评价方法更多地考虑到了深井固井井眼不规则、井斜大、封固段长，水泥浆易窜槽的情况，因此特别重视三相污染稠化实验，API 标准认为隔离液能够有效隔离钻井液与水泥浆，二者接触机会很小，因此更多地考虑隔离液对水泥浆稠化时间的影响。

参 考 文 献

[1] 封海军. 固井水泥浆与钻井液接触污染作用机理[J]. 中国化工贸易，2018，10(28)：1188-1195.

[2] 乔宁. 固井水泥浆与钻井液接触污染作用研究[J]. 中国石油和化工标准与质量，2019(10)：115-116.

[3] 郑友志，佘朝毅，姚坤全，等. 川渝气田固井水泥浆与钻井液外加剂污染机理初探[C]//第七届四川省博士专家论坛暨第四届德阳市学术大会.

[4] 刘朝劲. 固井水泥浆与钻井液接触污染作用机理[J]. 中国化工贸易，2017，9(8)：237.

[5] 乔宁. 固井水泥浆与钻井液接触污染作用研究[J]. 中国石油和化工标准与质量，2019，39(10)：115-116.

[6] 李明，杨雨佳，李早元，等. 固井水泥浆与钻井液接触污染作用机理[J]. 石油学报，2014，35(06)：1188-1196.

[7] 易亚军. 常用钻井液处理剂对固井水泥浆的污染研究[D]. 成都：西南石油大学，2014.

[8] 王浩，李明. 固井工作液—隔离液及配套外加剂研究进展[J]. 精细石油化工进展，2018，19(06)：24-28.

[9] 袁中涛，杨谋，李晓春，等. 油基钻井液与水泥浆接触污染内因探讨[J]. 石油钻采工艺，2017，39(05)：574-579.

[10] 李早元，辜涛，郭小阳，等. 油基钻井液对水泥浆性能的影响及其机理[J]. 天然气工业，2015，35(08)：63-68.

[11] 李明，杨雨佳，张冠华，等. 钻井液中生物增黏剂对固井水泥浆性能及结构的影响[J]. 天然气工业，2014，34(09)：93-98.

第 2 章　含硫酸性环境下固井水泥石腐蚀评价方法

四川盆地是我国含硫天然气分布最广、储量规模最大的地区，盆地内现已探明的高含硫天然气占全国同类天然气储量的比例超过 90%，部分属于特高含硫气藏范畴，如罗家寨、渡口河、普光、元坝等气田。罗家寨气田产出的天然气中 H_2S 含量为 $100\sim200mg/cm^3$，CO_2 平均含量为 10.41%；龙岗气田产出的天然气中 H_2S 含量为 $20\sim70mg/cm^3$，CO_2 平均含量为 7%；渡口河气田产出的天然气中 H_2S 含量为 $140\sim230mg/cm^3$，CO_2 平均含量为 6.54%。由于 CO_2 和 H_2S 都具有较强的腐蚀性，且 H_2S 还具有剧毒性，而四川盆地的多数高含硫气藏处于静风环境多、人口密度大、环境保护要求高的地区，高含硫的天然气一旦泄漏后果严重。因此，对高含硫气藏的安全清洁开发提出了极高的要求。

对含硫酸性气井而言，腐蚀完整性也是井筒完整性的重要内容。固井水泥环作为井下防腐蚀的第一道屏障，一旦固井水泥石被 H_2S/CO_2 等酸性气体腐蚀损伤，结构完整性遭到破坏，就有可能造成地层流体发生无控制流动，将对高含硫天然气井的生产安全及周边环境安全带来极大的威胁。因此，研究探明含硫酸性气体条件下固井水泥石的腐蚀规律和腐蚀机理已成为油气勘探开发中亟待解决的重大科研问题[1]。本章在现有固井水泥环酸性气体腐蚀研究的基础上，考虑到水泥环在井下受实际地层酸性流体腐蚀的状态和机理，建立了固井水泥环界面腐蚀评价方法，并得到了水泥环的界面腐蚀速率公式。

2.1　固井水泥石界面腐蚀评价方法

目前国内外评价固井水泥石耐酸性介质腐蚀状况的实验手段均是将水泥石整体全部放入酸性环境中，在一定温度、压力以及酸性介质条件下，经过一定时间的腐蚀后，利用相关微观机理分析手段，对水泥石的耐酸性介质腐蚀状况进行综合评价[2-5]。然而这些研究往往重视腐蚀条件、水泥石自身性能对腐蚀结果的影响，而忽略了在实际井下，腐蚀介质是沿着地层与水泥环的界面由外向内腐蚀运移的，酸性气井井下水泥环并非整体同时受到四面八方的腐蚀，而仅是气层与水泥环的界面受到持续的腐蚀[6]，如图 2.1 所示。

为更好地模拟水泥环在井下受酸性气体腐蚀的实际情况，本书作者提出了含硫气井固井水泥环界面腐蚀评价方法[7]，如图 2.2 所示，具体步骤如下：

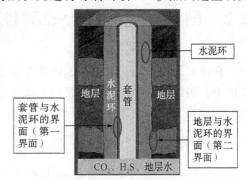

图 2.1　井下水泥石腐蚀情形示意图

（1）按 API 规范制备和养护现场取样水泥浆，高温高压养护结束后，取心（φ25mm×50mm），制备水泥石试样。

（2）将水泥石样装入内径为 26mm，长度为 52mm 的耐腐蚀塑料模具中，并使用环氧树脂密封水泥石和模具直接的环空，然后用砂纸抛光水泥石的一个端面，用以模拟地层与水泥环直接的接触界面。

（3）将带有耐腐蚀模具的水泥试样放入高温高压腐蚀釜中进行腐蚀实验。

（4）待腐蚀实验结束后，利用体视显微镜、气体渗透率孔隙度测定仪、扫描电子显微镜、X 射线衍射仪等设备分别测试腐蚀性组分侵入水泥石的深度、腐蚀后水泥石渗透率及孔隙度、腐蚀后水泥石微观结构、腐蚀后水泥石组分等，进而对水泥石的耐酸性介质腐蚀状况进行综合评价。

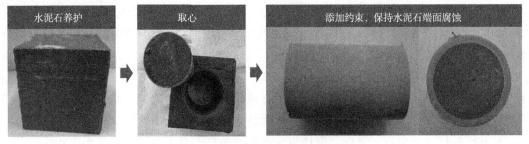

图 2.2　水泥石界面腐蚀实验制备步骤

采用界面腐蚀方法腐蚀后的水泥石如图 2.3 所示，从图中可以看出，由于水泥石四周有塑料模具的隔绝，使得腐蚀介质只能从预留的端面侵入水泥石内部。而这一侵入方式，使得水泥石腐蚀层出现了渐变的形貌特性。

图 2.3　界面腐蚀后水泥石照片

2.2　固井水泥石抗含硫酸性气体腐蚀能力评价

在建立固井水泥石界面腐蚀评价方法的基础上，本部分对不同密度水泥石在不同腐蚀条件下，腐蚀前后的抗压强度变化、腐蚀性组分侵入水泥石深度、孔隙度和渗透变化、微观形貌变化和物相变化进行了分析。

2.2.1　水泥浆配方与腐蚀实验条件

2.2.1.1　水泥浆配方及浆体性能

因在不同地区，油气藏埋藏深度不同，且往往地层中还存在多个压力层系，为更全面、系统地研究酸性腐蚀介质对水泥石的腐蚀情况，考察了三种不同密度范围内水泥浆体系的腐蚀状况。本部分选择了低密度($\rho = 1.40\text{g/cm}^3$)、常规密度($\rho = 1.90\text{g/cm}^3$)、高密度($\rho = 2.20\text{g/cm}^3$)三个水泥浆体系进行考察。三种水泥浆体系的配方和基本性能见表2.1至表2.3。

表2.1 低密度水泥浆($\rho = 1.40\text{g/cm}^3$)的基本性能

配方	液固比	流动度（cm）	密度（g/cm³）	API 失水（mL）	析水率（%）
嘉华 G 级水泥(370g)+ 3M(105g)+微硅(85g)+ 超细水泥(30g)+10L(20g)+ H₂O(300g)	0.54	22	1.40	43	0.2

表2.2 常规密度水泥浆($\rho = 1.90\text{g/cm}^3$)的基本性能

配方	液固比	流动度（cm）	密度（g/cm³）	API 失水（mL）	析水率（%）
嘉华 G 级(800g)+微硅(40g)+ 10L(16g)+H₂O(300g)	0.38	21	1.90	38	0

表2.3 高密度水泥浆($\rho = 2.20\text{g/cm}^3$)的基本性能

配方	液固比	流动度（cm）	密度（g/cm³）	API 失水（mL）	析水率（%）
嘉华 G 级水泥(400g)+ 微硅(60g)+铁矿粉(400g)+ G33S(16g)+10L(10g)+ H₂O(270g)	0.32	20	2.20	40	0.2

表2.4是三种不同水泥浆体系在正常养护条件下抗压强度实验数据。

表2.4 不同密度水泥浆体系水泥石腐蚀前抗压强度性能

水泥浆体系	抗压强度(MPa)			
	5d	7d	14d	30d
低密度水泥浆	19.3	20.7	21.2	22.1
常规密度水泥浆	22.5	23.2	23.8	24.7
高密度水泥浆	27.1	29.3	28.6	29.2

从表2.4中可以看出：(1)三种密度水泥石的强度值均随着养护时间的增加而呈增加的趋势，但增加的幅度较小，均满足工程要求；(2)随水泥石密度的增加，水泥石的抗压强度呈增加趋势。

表2.5是三种不同密度水泥浆体系水泥石在正常养护条件下孔隙度和渗透率实验数据，可以看出：(1)三种密度水泥石的孔隙度和渗透率随着养护时间的增加而呈降低的趋势；(2)高密度水泥石孔隙度和渗透率最低，常规密度水泥石次之，低密度水泥石最高。

表 2.5 不同密度水泥浆体系水泥石腐蚀前孔隙度和渗透率性能

水泥浆体系	孔隙度(%)				渗透率(mD)			
	5d	7d	14d	30d	5d	7d	14d	30d
低密度水泥浆	28.5	27.2	25.5	24.6	0.0099	0.0091	0.0083	0.0080
常规密度水泥浆	19.7	17.2	18.1	16.3	0.0049	0.0038	0.0032	0.0031
高密度水泥浆	16.9	16.1	15.7	14.6	0.0032	0.0023	0.0026	0.0022

2.2.1.2 腐蚀实验条件设置

我国酸性气藏中 H_2S 含量在 $10\% \sim 30\%$，CO_2 含量在 10% 左右，而地层中一般都存在多个压力层系，不同的压力层系中的酸性气体的含量及分压是不一样的[8-10]。为达到评价不同环境因素对水泥石抗酸性气体腐蚀能力的影响以及探明酸性气体腐蚀水泥石机理的目的，同时为了更接近井下水泥环的腐蚀环境，实验设计固定腐蚀实验总压力10MPa，改变酸性气体分压值、腐蚀养护温度，腐蚀时间，考察二氧化碳、硫化氢混合气体对水泥石的腐蚀，具体腐蚀试验设计参数见表 2.6[8-10]。此外由于地层岩石孔隙和天然气中均含有一定的水分，因此水泥石在井下实际是处于一个高温、高压、水湿环境，且酸性气体也只有在水湿环境下才具有较强的腐蚀能力，因此设计在腐蚀釜中水泥石试样处于水湿环境中。

表 2.6 腐蚀实验设计参数

序号	水泥浆体系	温度(℃)	H_2S分压(MPa)	CO_2分压(MPa)	总压(MPa)	腐蚀时间(d)
1	常规密度水泥浆	90	1.7	1	10	5
2	常规密度水泥浆	90	1.7	1	10	7
3	常规密度水泥浆	90	1.7	1	10	14
4	常规密度水泥浆	90	1.7	1	10	30
5	常规密度水泥浆	90	3	1	10	5
6	常规密度水泥浆	90	3	1	10	7
7	常规密度水泥浆	90	3	1	10	14
8	常规密度水泥浆	90	3	1	10	30
9	常规密度水泥浆	100	3	1	10	7
10	常规密度水泥浆	120	3	1	10	7
11	低密度水泥浆	90	1.7	1	10	7
12	低密度水泥浆	90	1.7	1	10	30
13	低密度水泥浆	90	3	1	10	30
14	低密度水泥浆	120	3	1	10	30
15	高密度水泥浆	90	1.7	1	10	7
16	高密度水泥浆	90	1.7	1	10	30
17	高密度水泥浆	90	3	1	10	30
18	高密度水泥浆	120	3	1	10	30

由于常规密度水泥浆体系应用范围最广，掺入外掺料最少，变量少，所以本书选择以常规密度水泥石为主要研究对象。1#~4#和5#~7#分别为考察在CO_2与H_2S联合腐蚀条件下，不同H_2S分压时常规密度水泥石性能随腐蚀时间的变化规律。9#、10#为考察在联合腐蚀条件下，温度对常规密度水泥石抗腐蚀性能的影响。11#~14#为考察低密度水泥石在不同H_2S分压、不同养护时间、不同温度条件下的抗腐蚀性能。15#~18#为考察高密度水泥石在不同H_2S分压、不同养护时间、不同温度条件下的抗腐蚀性能。

2.2.2 常规密度水泥石抗含硫酸性气体腐蚀能力评价

2.2.2.1 腐蚀前后常规密度水泥石抗压强度变化

表2.7是常规密度水泥石在不同硫化氢和二氧化碳分压复合酸性气体水湿环境中腐蚀5d、7d、14d、30d后抗压强度变化情况。

表2.7 常规密度水泥石腐蚀前后抗压强度变化

序号	H_2S 分压 （MPa）	CO_2 分压 （MPa）	总压 （MPa）	温度 （℃）	腐蚀时间 （d）	抗压强度（MPa）		抗压强度衰减率 （%）
						腐蚀前	腐蚀后	
1	1.7	1	10	90	5	22.5	19.6	13.1
2	1.7	1	10	90	7	22.5	18.9	15.8
3	1.7	1	10	90	14	22.5	15.3	31.9
4	1.7	1	10	90	30	22.5	12.8	43.1
5	3	1	10	90	5	23.8	19.9	16.3
6	3	1	10	90	7	23.8	18.2	23.7
7	3	1	10	90	14	23.8	15.2	36.3
8	3	1	10	90	30	23.8	12.2	48.6
9	3	1	10	100	7	22.2	18.1	18.5
10	3	1	10	120	7	24.7	19.2	22.1

由表2.7中的腐蚀前后水泥石的抗压强度可以看出，在复合酸性气体水湿环境下腐蚀后，水泥石的抗压强度均有较大程度地降低。由1#~4#和5#~8#实验结果可以看出，在腐蚀气体分压与总压、温度一定的情况下，随着腐蚀反应时间的增加，常规密度水泥石的抗压强度逐渐降低，抗压强度衰退率也相应逐渐增加，在腐蚀30d后，水泥石的强度衰退率都接近50%。由1#与5#、2#与6#、3#与7#、4#与8#实验结果对比可以看出，在相同温度、总压、腐蚀反应时间条件下，腐蚀气体分压越高，腐蚀反应速率越快，水泥石抗压强度衰退越快。由5#、9#、10#实验结果对比可知，在总压、腐蚀气体分压、腐蚀反应时间都相同的条件下，随着腐蚀反应温度的增加，水泥石抗压强度衰减率增加。

2.2.2.2 腐蚀性组分侵入水泥石深度

表2.8常规密度水泥石在不同硫化氢和二氧化碳分压的复合酸性气体水湿环境中腐蚀5d、7d、14d、30d后，采用体视显微镜根据水泥石颜色的变化，观察并测试腐蚀性组分侵入水泥石深度。

表 2.8　不同条件下水泥石被腐蚀性组分侵入深度

序号	H$_2$S 分压 （MPa）	CO$_2$ 分压 （MPa）	总压 （MPa）	腐蚀时间 （d）	温度 （℃）	侵入深度 （mm）
1	1.7	1	10	5	90	6
2	1.7	1	10	7	90	8
3	1.7	1	10	14	90	9
4	1.7	1	10	30	90	16
5	3	1	10	5	90	7
6	3	1	10	7	90	8
7	3	1	10	14	90	10
8	3	1	10	30	90	14
9	3	1	10	7	100	11
10	3	1	10	7	120	16

由表 2.8 可以看出，在设计腐蚀参数条件下，水泥石均遭到了不同程度的腐蚀。由 1#~4# 和 5#~8# 腐蚀深度实验结果可以看出，在腐蚀气体分压与总压、温度一定的情况下，随着腐蚀反应时间的增加腐蚀介质侵入水泥石的深度逐渐增加。由 1# 与 5#，2# 与 6#，3# 与 7#，4# 与 8# 实验结果对比可以看出，在相同温度、总压、腐蚀反应时间条件下，腐蚀气体分压越高，腐蚀反应速率越快，腐蚀介质侵入深度越大。由 5#、9#、10# 实验结果对比可知，在总压、腐蚀气体分压、腐蚀反应时间都相同的条件下，随着腐蚀反应温度的增加，腐蚀反应速率越快，腐蚀介质侵入深度越大。以上这些结果和趋势与抗压强度的测试结果相一致。

2.2.2.3　常规密度水泥石腐蚀前后孔隙度和渗透率变化

表 2.9 是常规密度水泥石在不同硫化氢和二氧化碳分压复合酸性气体水湿环境中腐蚀 5d、7d、14d、30d 后的孔隙度和渗透率变化情况。

表 2.9　常规密度水泥石腐蚀前后孔隙度和渗透率变化

序号	H$_2$S 分压 （MPa）	CO$_2$ 分压 （MPa）	总压 （MPa）	温度 （℃）	腐蚀时间 （d）	腐蚀前		腐蚀后	
						孔隙度 （%）	渗透率 （mD）	孔隙度 （%）	渗透率 （mD）
1	1.7	1	10	90	5	19.7	0.0049	17.2	0.0031
2	1.7	1	10	90	7	19.7	0.0049	13.1	0.0029
3	1.7	1	10	90	14	19.7	0.0049	11.6	0.0025
4	1.7	1	10	90	30	19.7	0.0049	10.7	0.0018
5	3	1	10	90	5	18.1	0.0038	15.4	0.0024
6	3	1	10	90	7	18.1	0.0038	13.5	0.0020
7	3	1	10	90	14	18.1	0.0038	10.3	0.0017
8	3	1	10	90	30	18.1	0.0038	9.5	0.0016
9	3	1	10	100	7	16.3	0.0031	12.8	0.0017
10	3	1	10	120	7	16.3	0.0032	11.5	0.0015

由表 2.9 可以看出，在受到二氧化碳和硫化氢的腐蚀后，常规密度水泥石的孔隙度和渗透率明显降低。这表明水泥石在腐蚀后会在表面形成一层致密层，从而影响气测渗透率对水泥石内部孔隙结构反映的真实性。

为验证此致密层的存在，同时消除致密层存在对气测渗透率的影响，选取表中 1#、4#、5#、8#、10#实验为考察对象，对腐蚀后的水泥石先用砂纸将表面打磨后再进行渗透率测试，实验结果见表 2.10。

表 2.10　去除表面致密层后水泥石孔隙度和渗透率变化

序号	H_2S 分压（MPa）	CO_2 分压（MPa）	总压（MPa）	温度（℃）	时间（d）	腐蚀前		腐蚀后	
						孔隙度（%）	渗透率（mD）	孔隙度（%）	渗透率（mD）
1	1.7	1	10	90	5	19.2	0.0045	20.5	0.0049
2	1.7	1	10	90	30	19.2	0.0045	23.4	0.0052
3	3	1	10	90	5	18.3	0.0039	19.4	0.0044
4	3	1	10	90	30	18.3	0.0039	24.5	0.0051
5	3	1	10	120	7	16.3	0.0032	21.5	0.0045

由表 2.9 与表 2.10 中实验结果对比可以看出，由于表中所用的方法是水泥石去掉表面腐蚀层后再测水泥石段孔隙度和气测渗透率，总体上经过 5 种腐蚀环境后，水泥石的孔隙度和气测渗透率均有所增加，表明在水泥石表面确实存在表面致密层。利用扫描电镜对腐蚀后水泥石的表面腐蚀层进行观察。图 2.4 为 1.7MPa H_2S+1MPa CO_2(注：表示 H_2S 分压 1.7MPa+CO_2 分压 1MPa。下同)环境下腐蚀 30d 后水泥石表面的扫描电镜图。由图可以看出，水泥石表面较为致密，但是在致密层下部却出现了较多的孔隙，但是由于致密层的存在使得在测试渗透率的时候水泥石试样两端的压差没有真实地表现出来，造成了腐蚀后水泥石测试的渗透率和孔隙度减小，同时也印证了由于表面致密层的存在会使腐蚀介质向水泥石内部渗入的阻力增加，水泥石强度衰退速率随着时间的增加而降低。

2.2.2.4　腐蚀前后常规密度水泥石形貌变化

由图 2.5 可以看出，未腐蚀的水泥石结构较为致密，水泥石主要组成是网状的水化硅酸钙凝胶，中间镶嵌着片状的氢氧化钙和棒状的钙矾石，但是也可以清楚看到有微裂纹和水化留下的孔隙。

图 2.4　1.7MPa H_2S+1MPa CO_2腐蚀
30d 后水泥石表面致密层

图 2.5　腐蚀前常规密度水泥石扫描电镜图

图2.6和图2.7是对常规密度水泥石在1.7MPa H_2S+1MPa CO_2+90℃条件下腐蚀5d和30d后的内外形貌扫描电镜图(SEM图)。

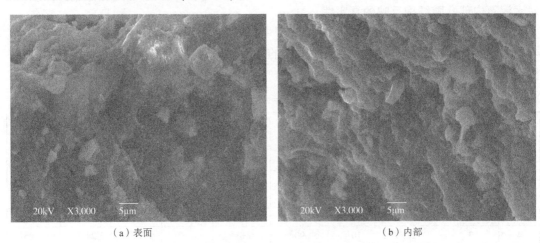

（a）表面　　　　　　　　　　　　　　　　（b）内部

图2.6　腐蚀后常规密度水泥石表面/内部扫描电镜图(1.7MPa H_2S+1MPa CO_2，90℃，5d)

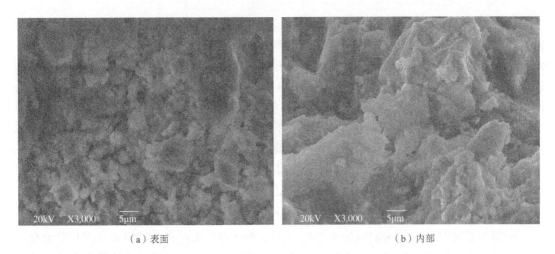

（a）表面　　　　　　　　　　　　　　　　（b）内部

图2.7　腐蚀后常规密度水泥石表面/内部扫描电镜图(1.7MPa H_2S+1MPa CO_2，90℃，30d)

由图2.6和图2.7可以看出，腐蚀后的水泥石其表面结构均比内部结构要致密，水泥石内部结构较为松散，而无明显的晶体结构的存在，较大的孔洞能明显观察到。而在水泥石表面存在一定的片状和层状或棒状结构的晶体，絮状物结构较少。这些现象说明腐蚀后的水泥石表面会由于腐蚀产物通过孔洞和凝胶孔等运移并充填到表面，最终使水泥石的表面形成致密层。随着腐蚀时间的增加，水泥石内部由于孔隙结构增加，会使得抗压强度降低，渗透率和孔隙度升高。将3MPa H_2S+1MPa CO_2+90℃条件下腐蚀后的水泥石SEM图与1.7MPa H_2S+1MPa CO_2+90℃条件下对应天数腐蚀后的水泥石SEM图相比较，两组水泥石的内外形貌发展规律类似，但3MPa H_2S条件下水泥石的内部结构更加松散。图2.8和图2.9分别为对3MPa H_2S+1MPa CO_2+100℃、3MPa H_2S+1MPa CO_2+120℃条件下腐蚀7d后的水泥石的内外形貌分析图。

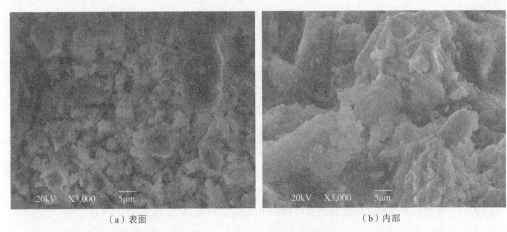

（a）表面　　　　　　　　　　　　　（b）内部

图 2.8　腐蚀后常规密度水泥石表面/内部扫描电镜图（3MPa H_2S+1MPa CO_2，100℃，7d）

（a）表面　　　　　　　　　　　　　（b）内部

图 2.9　腐蚀后常规密度水泥石表面/内部扫描电镜图（3MPa H_2S+1MPa CO_2，120℃，7d）

由图可以看出，在其他条件都相同的情况下，随着腐蚀反应温度的升高，水泥腐蚀反应速度明显加快，水泥石中含有的水化物的胶凝结构明显减小，由表面 SEM 图可以看出水泥石中出现了较多的孔隙和微裂纹，而由水泥石内部 SEM 图可以看出，随着温度升高，水泥石中的团絮状聚集体数量明显增多，结构更加松散。

2.2.2.5　腐蚀前后常规密度水泥石物相分析

图 2.10 为常规密度油井水泥石在腐蚀前的 XRD 谱线图。由图可以看出，腐蚀前水泥石的物相组成为 Ca（OH）$_2$、SiO_2、C-S-H以及钙矾石（AFt）。

图 2.11 和图 2.12 是 1.7MPa H_2S+1MPa CO_2+90℃条件下常规密度水泥石腐蚀 5d 和 30d 后水泥石表面和内部物相分析的 XRD 谱线图。图 2.13 是 3MPa H_2S + 1MPa CO_2 + 90℃条件下常规密度水泥石腐蚀 30 d 后水泥石表面和内部物相分析的 XRD 谱线图。

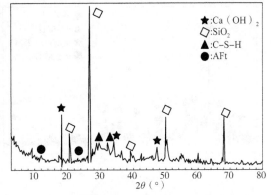

图 2.10　腐蚀前常规密度水泥石 XRD 谱线图

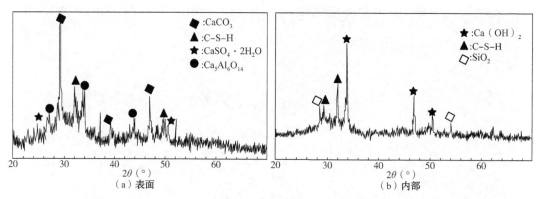

图 2.11　腐蚀后常规密度水泥石表面/内部 XRD 谱线图(1.7MPa H_2S+1MPa CO_2，90℃，5d)

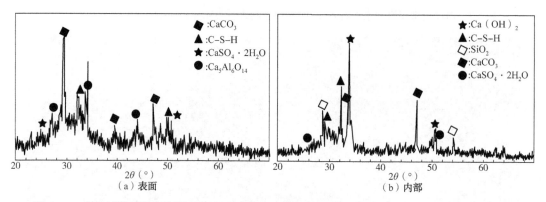

图 2.12　腐蚀后常规密度水泥石表面/内部 XRD 谱线图(1.7MPa H_2S+1MPa CO_2，90℃，30d)

由图 2.11 和图 2.12 可以看出，腐蚀后水泥石表面的主要物相为 $CaCO_3$、$CaSO_4 \cdot 2H_2O$、C-S-H、铝酸钙等，其中 $CaCO_3$、$CaSO_4 \cdot 2H_2O$ 为主要腐蚀产物，而作为特征水化产物的 $Ca(OH)_2$ 消失。水泥石内部的主要物相为 $Ca(OH)_2$、SiO_2、C-S-H，在水泥石内部仍可以检测到 $Ca(OH)_2$ 的存在，说明水泥石内部还未腐蚀完全。在图 2.12(b) 中(腐蚀30d后)检测到了 $CaCO_3$、$CaSO_4 \cdot 2H_2O$ 的存在，而这在第 5d 的水泥石内部 XRD 谱线图中是没有的，说明在腐蚀 30d 之后，腐蚀介质已经侵入到了水泥石内部。

图 2.13 是 3MPa H_2S+1MPa CO_2+90℃ 条件下常规密度水泥石腐蚀 30d 后水泥石表面和内部物相分析的 XRD 谱线图。

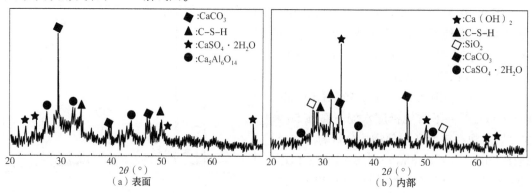

图 2.13　腐蚀后常规密度水泥石表面/内部 XRD 谱线(3MPa H_2S+1MPa CO_2，90℃，30d)

从图 2.13 可以看出，提高 H_2S 分压后的水泥石在腐蚀 30d 后，表面的主要物相同样为 $CaCO_3$、$CaSO_4 \cdot 2H_2O$、C-S-H 等，$CaCO_3$、$CaSO_4 \cdot 2H_2O$ 为主要腐蚀产物。水泥石内部的主要物相为 SiO_2、C-S-H。在相同腐蚀气体分压，100℃ 和 120℃ 条件下腐蚀后的水泥石表面和内部的物相与 90℃ 腐蚀条件下相类似，表明仅从物相分析上不能反映出水泥石受腐蚀的程度。

2.2.3 低密度水泥石抗含硫酸性气体腐蚀能力评价

2.2.3.1 腐蚀前后低密度水泥石抗压强度变化

表 2.11 是低密度水泥石在硫化氢和二氧化碳水湿环境中腐蚀后抗压强度变化情况。

表 2.11 低密度水泥石腐蚀前后抗压强度变化

序号	H_2S 分压 （MPa）	CO_2 分压 （MPa）	总压 （MPa）	温度 （℃）	腐蚀时间 （d）	抗压强度（MPa）		抗压强度衰减率 （%）
						腐蚀前	腐蚀后	
1	1.7	1	10	90	7	20.7	16.6	19.8
2	1.7	1	10	90	30	20.7	10.8	47.8
3	3	1	10	90	30	20.7	9.6	53.6
4	3	1	10	120	7	20.7	14.3	30.9

由表 2.11 可以看出，总体上在经过混合酸性气体腐蚀后，水泥石的抗压强度均有较大程度的降低。其发展变化趋势与常规密度水泥石相似，即低密度水泥石的抗压强度衰退率随腐蚀时间的增加而增加，随着腐蚀介质分压的提高而增加，随着腐蚀反应温度的升高而增加。相比于常规密度水泥石实验结果可以看出，由于低密度水泥石中所含胶结成分少，自身强度低、孔隙度和渗透率大，有利于腐蚀气体的侵入，故其抗压强度衰减率要大于相同腐蚀环境条件下的常规密度水泥石抗压强度衰减率。因此高酸性气藏特别是高含硫气藏固井水泥浆体系的设计和选用，应尽量避免使用低密度水泥浆体系，如必须选用应通过相关技术手段提高低密度水泥石的抗腐蚀能力。

2.2.3.2 腐蚀性组分侵入水泥石深度

低密度水泥石在硫化氢和二氧化碳水湿环境中腐蚀后，根据水泥石颜色的变化，采用体视显微镜观察并测试腐蚀性组分侵入水泥石深度，见表 2.12。

表 2.12 不同条件下低密度水泥石被腐蚀性组分侵入深度

序号	H_2S 分压 （MPa）	CO_2 分压 （MPa）	总压 （MPa）	温度 （℃）	腐蚀时间 （d）	侵入深度 （mm）
1	1.7	1	10	90	7	10
2	1.7	1	10	90	30	14
3	3	1	10	90	30	16
4	3	1	10	120	7	13

由表 2.12 可以看出，在设计腐蚀参数条件下，低密度水泥石遭到了不同程度的腐蚀，复合酸性气体对低密度水泥石的腐蚀深度要比常规密度大，这与低密度水泥石多孔高渗的特性有关。

2.2.3.3 低密度水泥石腐蚀前后孔隙度和渗透率变化

由于通过常规密度水泥石实验结果分析已经得出，腐蚀后水泥石表面致密层的存在使得在渗透率测试时水泥石试样两端的压差不能真实地表现出来。因此在本部分以及后续高密度实验中均采用的是去掉表面致密层后再测试孔隙度和渗透率的实验方法。表2.13是低密度水泥石在水湿硫化氢和二氧化碳复合酸性气体环境中腐蚀后的孔隙度和渗透率变化情况。

表2.13 低密度水泥石腐蚀前后孔隙度和渗透率变化

序号	H_2S分压（MPa）	CO_2分压（MPa）	总压（MPa）	温度（℃）	腐蚀时间（d）	腐蚀前		腐蚀后	
						孔隙度（%）	渗透率（mD）	孔隙度（%）	渗透率（mD）
1	1.7	1	10	90	7	27.5	0.0091	28.2	0.0095
2	1.7	1	10	90	30	27.5	0.0091	29.7	0.0103
3	3	1	10	90	30	27.5	0.0091	30.1	0.0115
4	3	1	10	120	7	27.5	0.0091	29.1	0.0099

由表2.13可以看出，总体上经过4种腐蚀环境腐蚀后，水泥石的孔隙度和气测渗透率均有所增加，这与抗压强度下降的趋势相吻合。再结合扫描电镜图2.14可进一步证实表面致密层的存在，从图中可以看出水泥石表面层充填致密，而在该表面层以下水泥石的结构较为松散，有明显的水泥石水化、腐蚀以及玻璃微珠破碎后留下的孔隙。

2.2.3.4 低密度水泥石腐蚀前后形貌变化

由低密度水泥石腐蚀前的扫描电镜图（图2.15）可以看出，腐蚀前的低密度水泥石结构较为致密，玻璃微珠在水泥石内分布均匀，但也可以清楚看到其中有漂珠、微裂纹和水化留下的孔隙。

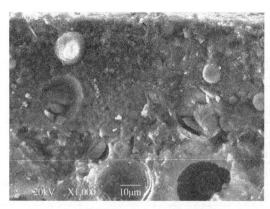 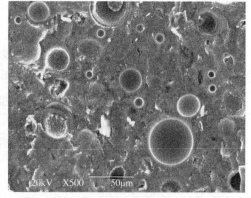

图2.14 1.7MPa H_2S+1MPa CO_2腐蚀7d后 　　图2.15 低密度水泥石腐蚀前
低密度水泥石的表面致密层　　　　　　　　　扫描电镜图

图2.16和图2.17是低密度水泥石在H_2S和CO_2复合气体中腐蚀后的试样的内部和外部结构扫描电镜图片。由图可以看出，腐蚀后的水泥石表面结构比内部结构致密，内部结构疏松，能明显观察到较大的孔隙和微裂纹。这些孔洞可能是腐蚀介质和水泥石中的水化

产物反应留下的，同时反应的腐蚀产物通过该孔洞和凝胶孔等被运移到水泥石的表面，最终使水泥石的表面形成致密包被层。

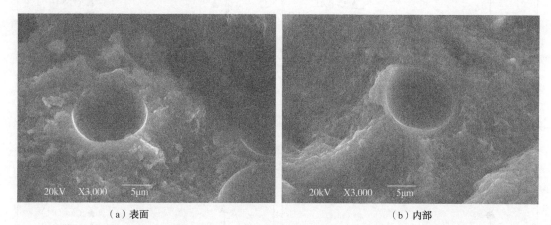

（a）表面　　　　　　　　　　　　　　（b）内部

图 2.16　低密度水泥石腐蚀后表面/内部扫描电镜图（1.7MPa H_2S+1MPa CO_2，90℃，30d）

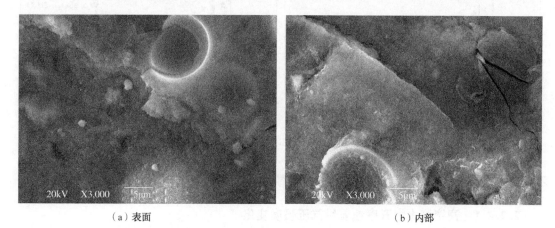

（a）表面　　　　　　　　　　　　　　（b）内部

图 2.17　低密度水泥石腐蚀后表面/内部扫描电镜图（3MPa H_2S+1MPa CO_2，90℃，30d）

2.2.3.5　低密度水泥石腐蚀前后物相分析

图 2.18 为低密度水泥石腐蚀前物相分析的 XRD 谱图，由图可以看出，腐蚀前水泥石中的 $Ca(OH)_2$ 特征峰明显，其主要物相组成为 $Ca(OH)_2$、C-S-H、SiO_2 以及水化铝酸钙。

图 2.19 和图 2.20 是不同 H_2S 分压条件下低密度水泥石表面及内部的 XRD 物相分析结果。可以看出，水泥石表面的主要物相是 C-S-H、$CaCO_3$、$CaSO_4 \cdot 2H_2O$ 等，由于 H_2S 和 CO_2 消耗了 $Ca(OH)_2$，$Ca(OH)_2$ 的特征峰已经消失或变得非常不明显，并出现了 $CaCO_3$，而在内部仍有 $Ca(OH)_2$ 的存在。

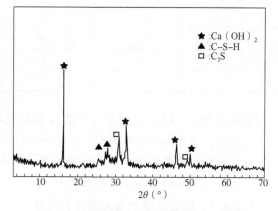

图 2.18　低密度水泥石腐蚀前 XRD 谱线

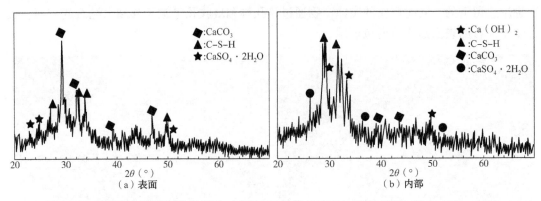

图 2.19　低密度水泥石腐蚀后表面/内部 XRD 谱线(1.7MPa H_2S+1MPa CO_2，90℃，30d)

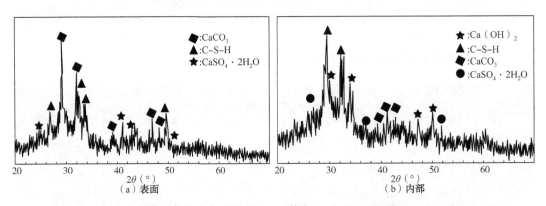

图 2.20　低密度水泥石腐蚀后表面/内部 XRD 谱线(3MPa H_2S+1MPa CO_2，90℃，30d)

2.2.4　高密度水泥石抗含硫酸性气体腐蚀能力评价

2.2.4.1　高密度水泥石腐蚀前后抗压强度变化

表 2.14 是高密度水泥石在硫化氢和二氧化碳水湿环境中腐蚀后抗压强度变化情况。

表 2.14　高密度水泥石腐蚀前后抗压强度变化

序号	H_2S 分压（MPa）	CO_2 分压（MPa）	总压（MPa）	温度（℃）	腐蚀时间（d）	抗压强度（MPa）		抗压强度衰减率（%）
						腐蚀前	腐蚀后	
1	1.7	1	10	90	7	29.3	21.8	25.6
2	1.7	1	10	90	30	29.3	18.2	37.8
3	3	1	10	90	30	29.3	16.1	45.1
4	3	1	10	120	7	29.3	19.3	34.1

由表 2.14 可以看出，总体上经过 4 种腐蚀环境腐蚀后，水泥石的抗压强度均有较大程度的降低。对比低密度水泥石实验结果可以发现，由于高密度水泥石在腐蚀前的强度较高，且孔隙度和渗透率要小于低密度水泥石，故在相同腐蚀条件下，高密度水泥石腐蚀后的残余抗压强度要高于低密度水泥石。

2.2.4.2　腐蚀性组分侵入水泥石深度

高密度水泥石在硫化氢和二氧化碳复合酸性气体水湿环境中腐蚀 7d 后，根据水泥石颜色的变化，采用体视显微镜观察并测试腐蚀性组分侵入水泥石深度，见表2.15。

表2.15 不同条件下高密度水泥石被腐蚀性组分侵入深度

序号	H_2S 分压 （MPa）	CO_2 分压 （MPa）	总压 （MPa）	温度 （℃）	腐蚀时间 （d）	侵入深度 （mm）
1	1.7	1	10	90	7	7
2	1.7	1	10	90	30	12
3	3	1	10	90	30	14
4	3	1	10	120	7	10

由表2.15可以看出，在设计腐蚀参数条件下，高密度水泥石遭到了不同程度的腐蚀，腐蚀深度要小于低密度水泥石，主要原因有两个方面：一是由于高密度水泥石本身的孔隙度和渗透率要小于低密度水泥石，腐蚀介质侵入的阻力大；二是高密度水泥石中所含的加重剂 Fe_2O_3 与 H_2S 反应后生成的 FeS 为膨胀性腐蚀产物，可使得水泥石水化孔隙被部分充填密实，从而增加了腐蚀气体运移的阻力。

2.2.4.3 高密度水泥石腐蚀前后孔隙度和渗透率变化

高密度水泥石在硫化氢和二氧化碳复合酸性气体水湿环境中腐蚀后的孔隙度和渗透率变化情况见表2.16。采用的是去掉表面致密层后再测试孔隙度和渗透率的测试方法。

表2.16 高密度水泥石腐蚀前后孔隙度和渗透率变化

序号	H_2S 分压 （MPa）	CO_2 分压 （MPa）	总压 （MPa）	温度 （℃）	腐蚀时间 （d）	腐蚀前		腐蚀后	
						孔隙度 （%）	渗透率 （mD）	孔隙度 （%）	渗透率 （mD）
1	1.7	1	10	90	7	16.1	0.0023	17.1	0.0032
2	1.7	1	10	90	30	16.1	0.0023	18.4	0.0036
3	3	1	10	90	30	16.1	0.0023	17.2	0.0039
4	3	1	10	120	7	16.1	0.0023	19.8	0.0042

从腐蚀后水泥石的表面相貌（图2.21）可以看出，在水泥石表面的腐蚀产物表面形成了致密层，如果不将该致密层除去将使得在测试渗透率的时候水泥石试样两端的压差不能真实地表现出来。

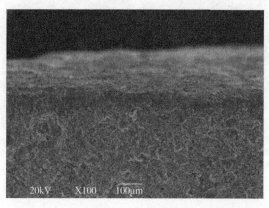

图2.21 1MPa CO_2+1.7MPa H_2S 环境腐蚀7d水泥石的表面致密层

2.2.4.4 高密度水泥石腐蚀前后形貌变化

高密度水泥石腐蚀前的扫描电镜图(图2.22)显示，未腐蚀的高密度水泥石结构致密，水泥石中含有大量的网状水化硅酸钙凝胶，中间镶嵌着片状的氢氧化钙和棒状的钙矾石，但是也可以清楚看到其中有微裂纹和水化留下的孔隙。

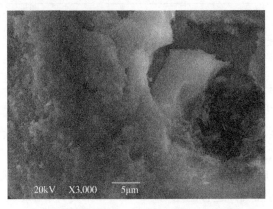

图2.22　高密度水泥石腐蚀前扫描电镜图

（a）表面　　　　　　　　　　　　　　　　（b）内部

图2.23　高密度水泥石腐蚀后表面/内部扫描电镜图(1.7MPa H_2S+1MPa CO_2，90℃，30d)

（a）表面　　　　　　　　　　　　　　　　（b）内部

图2.24　高密度水泥石腐蚀后表面/内部扫描电镜图(3MPa H_2S+1MPa CO_2，90℃，30d)

从高密度水泥石腐蚀后表面和内部的扫描电镜图(图2.23和图2.24)可以看出,水泥石表面结构较为致密,C-S-H凝胶结构明显减少或消失,存在有板状的$CaCO_3$或$CaSO_4$晶体,而水泥石内部结构相比于表面较为松散,仍可见少量的片状$Ca(OH)_2$晶体结构。

2.2.4.5 高密度水泥石腐蚀前后物相分析

由图2.25可以看出,水泥石腐蚀前的物相组成为SiO_2、$Ca(OH)_2$、C-S-H、Fe_2O_3以及水化铝酸钙等。除了加重剂Fe_2O_3和微硅中所含SiO_2外,其他的物相均为水泥石水化产物。

图2.26和图2.27是对应于表2.13,不同H_2S分压、养护时间、腐蚀温度条件下高密度水泥石表面及内部的XRD物相分析结果。可以看出,水泥石表面的主要物相是C-S-H凝胶、$CaCO_3$、$CaSO_4 \cdot 2H_2O$、AFt(钙矾石)等,$Ca(OH)_2$

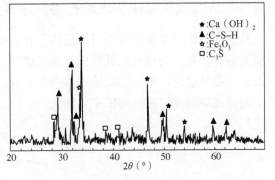

图2.25 高密度水泥石腐蚀前XRD谱线图

已经基本消失,并出现了CaS、$CaCO_3$等物相,而在内部仍有$Ca(OH)_2$的存在。

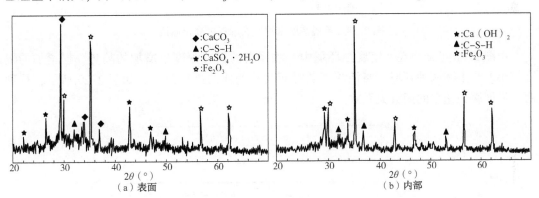

(a)表面

(b)内部

图2.26 高密度水泥石腐蚀后表面/内部XRD谱线(1.7MPa H_2S+1MPa CO_2,90℃,30d)

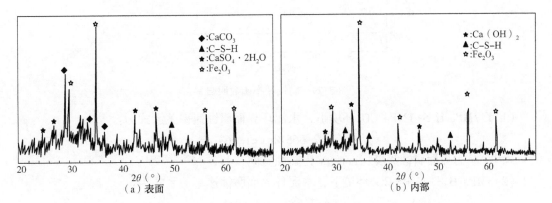

(a)表面

(b)内部

图2.27 高密度水泥石腐蚀后表面/内部XRD谱线(3MPa H_2S+1MPa CO_2,90℃,30d)

2.3 含硫酸性气体条件下固井水泥石界面腐蚀机理

2.3.1 界面腐蚀条件下水泥石腐蚀速率分析

从前面的实验结果和分析可以得出，在界面腐蚀条件下腐蚀一段时间后，由于腐蚀产物的运移和沉积，会在界面处形成一层致密层，使得酸性气体侵入水泥石内部的阻力大幅增加，这必然会对水泥石的腐蚀速率产生影响。图2.28是常规密度水泥石在不同腐蚀环境下的界面腐蚀深度随时间的变化曲线。

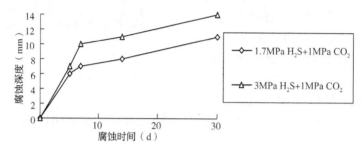

图2.28 常规密度水泥石腐蚀深度变化曲线

由图2.28可知，在一定腐蚀环境中，水泥石的腐蚀深度呈增加的趋势，但增加的幅度较小。对上述两种环境下腐蚀深度随时间变化的曲线进行回归，如图2.29所示，得到两个界面腐蚀速率的函数关系式。

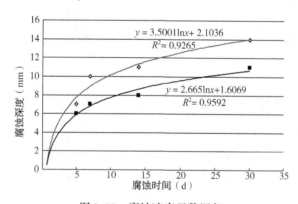

图2.29 腐蚀速率函数回归

(1)1.7MPa H_2S+1MPa CO_2环境下，水泥环界面腐蚀速率关系式为：

$$y = 2.665 \times \ln x + 1.669$$

式中：y为界面腐蚀深度，mm；x为腐蚀时间，d。

(2)3MPa H_2S+1MPa CO_2环境下，水泥环界面腐蚀速率关系式为：

$$y = 3.5 \times \ln x + 2.1036$$

按界面腐蚀速率关系式计算，在3MPa H_2S+1MPa CO_2环境的井下，如水泥环与地层、套管胶结质量达到100%，水泥环界面腐蚀1年的深度仅为22mm，界面腐蚀深度要达到3cm，需要接近8年的时间，这与很多高含硫气井在生产多年后并未因水泥环腐蚀发生窜气等复杂的情况相符。

2.3.2 酸性气体与固井水泥石腐蚀机理

2.3.2.1 二氧化碳单一腐蚀作用下的腐蚀机理

未腐蚀前水泥的水化产物主要为水化硅酸钙凝胶(C-S-H)、水化铝酸钙(C_3AH_6)、水化铁铝酸四钙(C_4AFH_{13})及羟钙石[$Ca(OH)_2$]。其中水化硅酸钙凝胶相又可分为：柱硅钙石($C_3S_2H_3$)、斜方硅钙石(C_3S_2)、硬硅钙石(C_6S_6H)、雪硅钙石($C_5S_6H_{5.5}$)、特水硅钙石($C_7S_{12}H_3$)、粒硅钙石(C_6S_2H)、水化硅酸三钙($C_6S_2H_3$)、α-水化硅酸二钙(α-C_2SH)等。水泥石水化体系的 pH 值大于 12.6，且存在游离 $Ca(OH)_2$ 时，水化硅酸钙才能稳定存在，否则随着 $Ca(OH)_2$ 被溶解，水化硅酸钙就会被缓慢地分解。

水泥石水化产生的大量 $Ca(OH)_2$ 极易与 CO_2 等酸性腐蚀介质发生化学反应。当有水存在的条件下，CO_2 对水泥石的腐蚀可以分为以下几个步骤：

第一步：CO_2 扩散进入水泥石孔隙中；

第二步：CO_2 溶解于水中，形成 H_2CO_3；

第三步：H_2CO_3 电离产生 H^+、HCO_3^- 和 CO_3^{2-}；

第四步：CO_3^{2-} 与 $Ca(OH)_2$ 和 C-S-H 发生反应生成 $CaCO_3$、无定形硅胶等。

其主要反应方程式如下：

(1)CO_2 溶于地层水的化学反应：

$$CO_2+H_2O \rightleftharpoons HCO_3^- +H^+ \rightleftharpoons CO_3^{2-}+2H^+ (CO_2溶解平衡反应式) \tag{2.1}$$

$$CO_2不充足时：CO_2(g)+H_2O \longrightarrow H_2CO_3(不稳定的化合物) \longrightarrow CO_3^{2-}+2H^+ \tag{2.2}$$

$$CO_2充足时：CO_2(g)+H_2O \longrightarrow H_2CO_3(不稳定的化合物) \longrightarrow HCO_3^- +H^+ \tag{2.3}$$

由于水泥石水化反应后所形成的是一个 pH 为 11~13 的碱性环境，CO_2 的侵入发生上述反应后，首先会使水泥石内部，特别是孔隙中液体的 pH 值下降，从而不利于水泥石水化产物的稳定。

(2)CO_2 溶于地层水后，与油井水泥石主要水化产物的化学反应：

$$Ca(OH)_2(l)+CO_3^{2-}+2H^+ \longrightarrow CaCO_3(s)+H_2O(l) \tag{2.4}$$

$$Ca(OH)_2(l)+HCO_3^- +H^+ \longrightarrow CaCO_3(s)+H_2O(l) \tag{2.5}$$

$$CSH(s)+CO_2(g)+H_2O(l) \longrightarrow CaCO_3(s)+SiO_2 \cdot nH_2O(无定形产物) \tag{2.6}$$

$CaCO_3$ 和无定形硅胶都是不具有胶结特性的物质。在腐蚀的最初阶段由于 $CaCO_3$ 属于膨胀性物相可充填于水泥石孔隙中，能使水泥石的抗压强度增加、渗透率降低，阻止腐蚀的进一步进行，但在 CO_2 的持续作用情况下这只是暂时的。

(3)在富含 CO_2 的情况下，随着富含 CO_2 水的不断侵蚀，$CaCO_3$ 转变为易溶性的 $Ca(HCO_3)_2$，不断被消耗水泥石中的 $Ca(OH)_2$，形成淋滤作用。反应式如下：

$$CaCO_3(s)+CO_2(g)+H_2O(l) \longrightarrow Ca(HCO_3)_2(l) \tag{2.7}$$

$$Ca(HCO_3)_2(l)+Ca(OH)_2(l) \longrightarrow 2CaCO_3(s)+H_2O(l) \tag{2.8}$$

淋滤作用使水泥石的孔隙率和渗透性增大，抗压强度降低。当 $Ca(OH)_2$ 耗尽之后，水泥石的碱性会下降，从而使 C-S-H(水化硅酸钙)不稳定，促进 C-S-H 的分解。同时，由于 CO_2 与 C-S-H 反应生成 $CaCO_3$ 和无定形 SiO_2，破坏了水泥石的整体胶结性，致使水泥石网络结构解体，破坏水泥石的结构，使水泥石的强度降低、渗透率增大。CO_2 对水泥石的腐蚀本质上是一种化学反应，决定反应速度的因素主要是反应物浓度和反应物的接触机会。从本节实验结果可以得出随着 CO_2 分压的增加，水泥石受腐蚀程度增大。

2.3.2.2 硫化氢单一腐蚀作用下的腐蚀机理

硫化氢易溶于水，使溶液呈弱酸性。硫化氢在溶液中存在如下平衡：

$$H_2S \longrightarrow H^+ + HS^- \tag{2.9}$$

$$HS^- \longrightarrow H^+ + S^{2-} \tag{2.10}$$

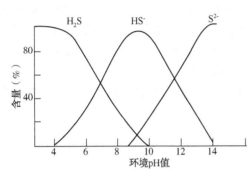

图 2.30 H_2S 在水溶液中的
存在形式与 pH 值的关系

溶液的 pH 值将决定 H_2S 存在的状态，前苏联莫斯科石油学院的专家对此进行过专门研究，见图 2.30。当 pH<6 时，H_2S 腐蚀介质快速扩散进入水泥石内部，使水泥石的 pH 值降低。当 8<pH<10.5 时，H_2S 主要以 HS^- 状态存在；pH>11 时，则主要以 S^{2-} 状态存在。温度增加使 H_2S 的存在状态向左移。

固井水泥石所有水化产物都呈碱性，水泥石水化产物中按照稳定性排列为：$CaCO_3$（碳酸钙）>C_6S_6H（硬硅钙石）>$C_2S_3H_{2.5}$（白硅钙石）>$C_5S_6H_{5.5}$（托勃莱石）>CS_2H_2>$C_2S_6H_3$>$C_3S_2H_3$（柱硅钙石）>C_3AH_6（水化铝酸三钙）>$Ca(OH)_2$（羟钙石）。可见水泥石中最具反应能力的成分是 $Ca(OH)_2$。

H_2S 电离产生的离子能与油井水泥石水化产物反应并生成 CaS、$CaSO_4 \cdot 2H_2O$、Al_2S_3 等没有胶结性的腐蚀产物。水泥石表面的水化产物 $Ca(OH)_2$ 与硫化氢反应生成 CaS 而完全消失，但物相分析水泥石表面并没有 CaS 的存在，这是因为 CaS 具有良好的溶解性，说明在液相存在条件下，水会在腐蚀过程中担当运输的角色，致使水泥石腐蚀的更为严重。

水泥石在水湿 H_2S 条件下发生的主要腐蚀反应为：

$$C-H-S+H_2S \Longequal CaS+SiO_2+H_2O \tag{2.11}$$

$$Ca^{2+}+S^{2-} \longrightarrow CaS \tag{2.12}$$

$$Ca^{2+}+OH^-+HS^- \longrightarrow CaS+H_2O \tag{2.13}$$

$$AFt(3CaO \cdot Al_2O_3 \cdot 3CaSO_4 \cdot 31H_2O)+H_2S \longrightarrow CaS+Al(OH)_3+CaSO_4 \cdot 2H_2O+H_2O \tag{2.14}$$

H_2S 腐蚀过程分两个步骤进行：第一步是 H_2S 向水泥石内部扩散并在水中溶解电离，在有液相存在时 H_2S 扩散很快；第二步是离子与水泥石水化产物反应，并伴随着腐蚀产物的运移、沉淀、结晶等过程。H_2S 与水泥石的反应速率取决于 H_2S 的化学和扩散过程。当固井水泥石表面形成反应产物后，渗入速率减慢，此时反应主要受扩散过程控制。

2.3.2.3 二氧化碳与硫化氢联合作用下水泥石腐蚀机理

在 CO_2 与 H_2S 同时存在条件下，与水泥石的腐蚀反应与单独存在时的腐蚀反应一致，主要包括下列反应方程：

$$Ca(OH)_2+CO_2 \Longequal CaCO_3+H_2O \tag{2.15}$$

$$Ca(OH)_2+HCO_3^- \Longequal CaCO_3+OH^-+H_2O \tag{2.16}$$

$$CaCO_3+CO_2(g)+H_2O \Longequal Ca(HCO_3)_2 \tag{2.17}$$

$$C\text{-}S\text{-}H+CO_2+nH_2O =\!=\!= CaCO_3+SiO_2 \cdot nH_2O \qquad (2.18)$$

$$C\text{-}S\text{-}H+H_2S+H_2O =\!=\!= CaSO_4 \cdot 2H_2O \qquad (2.19)$$

$$Ca(OH)_2+H_2S =\!=\!= CaS+2H_2O \qquad (2.20)$$

$$Ca(OH)_2+H_2S+H_2O =\!=\!= CaSO_4 \cdot 2H_2O \qquad (2.21)$$

$$Ca^{2+}+S^{2-} =\!=\!= CaS \qquad (2.22)$$

$$Fe^{2+}+S^{2-} =\!=\!= FeS \qquad (2.23)$$

在复合酸性气体腐蚀水泥石时，无论是何种水泥体系，酸性气体都会不断腐蚀消耗水泥石内部的 $Ca(OH)_2$、$C\text{-}S\text{-}H$，使得水泥石的孔隙度和渗透率升高，强度降低，水泥石发生宏观性能和微观结构的改变。CO_2 与 H_2S 对水泥石产生腐蚀作用时，二者之间具有竞争与协同关系。已有研究表明，水泥石抗 H_2S 腐蚀的能力要弱于抗 CO_2 腐蚀的能力，这是由于水泥石与 H_2S 之间能进行氧化还原反应。此外，在水中 H_2S 的电离常数比 H_2CO_3 低，当腐蚀介质中有 CO_2 存在时，H_2S 的电离常数加大。

2.3.2.4 含硫酸性气体条件下固井水泥石界面腐蚀理论

通过前面的实验分析可知，水泥石在与含硫酸性气体发生腐蚀反应后会生成 $CaCO_3$、CaS、FeS、$CaSO_4 \cdot 2H_2O$ 等膨胀型结晶产物。当这些膨胀型腐蚀产物在水的作用下，沿水泥石内部的孔隙运移到水泥石表面并过饱和时会在水泥石水化孔隙内结晶沉淀，晶体生长将使得孔隙壁面受到结晶产生的膨胀压，造成水泥石的表观体积膨胀，如图 2.31 所示。也正是因为这些膨胀型腐蚀产物的生成，加上运移和沉淀结晶等作用，使腐蚀水泥石的表层呈现出比水泥石内部密实的现象(图 2.31)。

根据对水泥石不同区域的腐蚀物相组分分析可知：由水泥石表面完全腐蚀区域到水泥石未受腐蚀的内部，腐蚀产物逐步减少直至没有，说明水泥石在酸性环境下存在腐蚀过渡带，而酸性介质在相应的腐蚀时间内并未完全进入水泥石内部深层。综上所述，通过对腐蚀前后水泥石抗压强度、孔隙度和渗透率、界面腐蚀深度、物相组分、微观电镜扫描等的对比分析，可得出酸性气井井下水泥环界面腐蚀机理：

在酸性气井井下，H_2S、CO_2 等酸性

图 2.31 水泥石发生膨胀现象

气体横向上，从产层与水泥环界面向水泥环、套管方向，纵向上，从产层与水泥环界面向气井上部方向对水泥环进行腐蚀。在水泥环与气层接触表面完全腐蚀带，由于酸性气体与水泥环发生化学反应，水泥环的致密性受到破坏而导致水泥环腐蚀表面孔隙度、渗透率增加。随时间的推移，酸性腐蚀介质继续向水泥环内部作用，腐蚀产物 $CaCO_3$、$CaSO_4 \cdot 2H_2O$、CaS、FeS 等逐渐富集堆积堵塞孔道，从而形成致密过渡带。此致密过渡带孔隙度、渗透率下降，并最终使 H_2S、CO_2 等酸性腐蚀介质向水泥环内部深层作用越来越困难。

参 考 文 献

[1] 辜涛. 高酸性气田环境下油井水泥石腐蚀机理研究[D]. 成都：西南石油大学，2013.

[2] 孙刚. 酸性气体腐蚀环境下水泥石性能实验研究[J]. 石化技术, 2019, 26(10): 101-102, 109.

[3] 严思明, 王杰, 卿大咏, 等. 硫化氢对固井水泥石腐蚀研究[J]. 油田化学, 2010, 27(04): 366-370, 394.

[4] 徐璧华, 宋茂林, 李霜, 等. 水泥石抗盐防 CO_2/H_2S 腐蚀研究[J]. 钻井液与完井液, 2010, 27(05): 58-60, 92.

[5] 万伟, 陈大钧. 水泥石防 CO_2、H_2S 腐蚀性能的室内研究[J]. 钻井液与完井液, 2009, 26(05): 57-59, 92-93.

[6] 郑友志, 佘朝毅, 姚坤全, 等. 川渝地区含硫气井固井水泥环界面腐蚀机理分析[J]. 天然气工业, 2011, 31(12): 85-89, 130-131.

[7] 武治强, 刘书杰, 耿亚楠, 等. 高温高压高含硫气井固井水泥环封隔能力评价技术[J]. 石油钻采工艺, 2016, 38(06): 787-790.

[8] 阿克拉莫维奇 А Ф, 刘春全. H_2S 对固井材料的腐蚀过程研究[J]. 西南石油大学学报(自然科学版), 2010, 32(06): 1-4, 181.

[9] 马开华, 周仕明, 初永涛, 等. 高温下 H_2S 气体腐蚀水泥石机理研究[J]. 石油钻探技术, 2008(06): 4-8.

[10] 张景富, 徐明, 朱健军, 等. 二氧化碳对油井水泥石的腐蚀[J]. 硅酸盐学报, 2007(12): 1651-1656.

第3章　固井水泥环弹性力学评价方法

目前国内的高温深井，如塔里木克拉、四川罗家寨等气田的部分气井，在生产过程都会发生不同程度的环空带压问题，直接影响到气井的高产和稳产[1]。其中水泥环在工程作业过程中发生的力学损坏是影响水泥环气窜的主要因素。因此，对气井固井水泥环后期力学完整性进行评价对于气井的安全开发是极其重要的。

事实上，每口油气井的开发过程中都涉及井筒内压力交变而导致的水泥环长期封隔问题，如试压前后、持续钻进、关井与生产等过程中力学的交替变化[2]。在这种情况下，韧性水泥的概念被提了出来。使水泥环保持较好的弹性，能使水泥环在受到套管内挤力和地层外压力时具有比普通水泥环更好的弹性形变空间，不在界面出现微间隙，从而延长固井水泥环的长期力学封隔能力，这对于评价井筒安全性和延长油气井寿命具有非常重要的意义，因此如何评价固井水泥环的弹性力学性能就变成了石油工程界固井领域未来发展的一个主流方向[3,4]。

目前不管是国外还是国内，对应该用哪些力学参数来测定水泥石的材料特性还没有形成统一的标准；对应该使用哪些测定试验方法来测定这些力学参数也还没有形成统一的认识，无法对水泥石的评价研究提供一个统一的对比平台。从总体情况来看，国外测定的力学参数项目比较集中，测定的试验方法也在逐步统一起来；而国内目前测定的力学参数项目还比较混乱，测定的试验方法更是各家一套[5,6]。

3.1　固井水泥环弹性力学实验评价方法

韧性水泥，也称柔性水泥、弹塑性水泥等，其概念为在同等应力状态下变形能力大于普通油井水泥，其主要力学特征表现为：杨氏模量明显低于普通油井水泥，而抗压强度、抗拉强度变化不大。可见，杨氏模量是衡量水泥石韧性的关键性参数。目前，国内外均无水泥石杨氏模量测试的相关标准。研发新产品必先建立新的评价方法。

目前，固井水泥石弹性力学性能评价主要沿用岩石力学测试标准 GB/T 50266—2013《工程岩体试验方法标准》，但岩石和固井水泥石力学性能不同，且现有的测试方法中存在以下两个方面的问题：

（1）传统测试方法未对测试设备在加载时的加载速率进行统一规范。

（2）传统测试方法对杨氏模量计算方法存在应力—应变曲线上取值区间不一致而导致人为误差。

针对水泥石杨氏模量测试中存在的问题，在大量资料调研和前期探索实验分析的基础上，形成了一套"考虑实际工况的固井水泥石弹性力学性能评价新方法"。具体步骤如下：

（1）取样。按 GB/T 19139—2012《油井水泥试验方法》要求做好水泥灰样和液体样的取样工作。

（2）水泥石弹性力学性能评价模具养护制样。直接使用 $\phi 25.4 \text{mm} \times 50 \text{mm}$ 的模具，按实际井况或具体要求，对水泥石进行高温高压养护，模具如图 3.1 所示。

图 3.1　水泥石弹性力学模具图

（3）水泥石三轴力学测试加载和卸载速率的确定。

利用地层—水泥环—套管力学完整性分析软件，计算拟评价工况时固井水泥环受力状况，按实际工况确定受力或卸载需要的时间，按以下公式计算加载和卸载速率。

$$\text{加载或卸载速率} = \text{水泥环受的力} \div \text{加载或卸载需要的时间} \qquad (3-1)$$

（4）水泥石三轴力学测试应力—应变曲线取值点范围的确定。①将不少于 3 个平行样的水泥石按一定加载速率进行三轴应力实验评价，得到相应应力—应变曲线，在应力—应变曲线上找到弹性段，得到 9 个水泥石样的弹性段范围，最终推荐一个弹性段取值点范围。②按推荐取值点范围计算杨氏模量、泊松比、屈服强度、屈服应变、极限强度及极限应变等数据。

（5）水泥石交变载荷下三轴力学测试。①加载最高载荷的设定。利用地层—水泥环—套管力学完整性分析软件，计算在拟评价的工况下水泥环的最大应变量，按此应变量，在(4)中所得到的应力—应变曲线上找到对应应力值，按此应力值作为最高加载载荷。②按(3)中所确定的加载和卸载速率对水泥石进行三轴力学测试，测试不少于 6 个循环周，得到相应应力—应变曲线。③对比每个循环周应力、应变变化曲线，对比恢复形变量等，综合判断该水泥体系的弹性，对比其长期力学性能。

在实验中所使用的主要仪器及设备如表 3.1 所示。

表 3.1　实验主要仪器及设备

序号	仪器名称	生产厂家
1	瓦棱搅拌机	沈阳航空应用技术研究所
2	常压稠化仪	沈阳航空应用技术研究所
3	双釜高温高压稠化仪	沈阳航空应用技术研究所
4	双釜高温养护釜	沈阳航空应用技术研究所
5	高温高压失水仪	沈阳航空应用技术研究所
6	便携稠化仪	沈阳航空应用技术研究所

序号	仪器名称	生产厂家
7	压力机	沈阳航空应用技术研究所
8	常压养护箱	沈阳航空应用技术研究所
9	三轴岩石力学试验机	美国 GCTS 公司

3.2　弹性水泥体系三轴力学性能评价

利用本章提出的"考虑实际工况的固井水泥石弹性力学性能评价新方法"对川渝油气田在用两种典型水泥体系进行了对比评价。

前后提出了两套评价实验方案，并对相国寺储气库注采井、磨溪—高石梯在用水泥、纯水泥等体系水泥石的弹性力学性能进行了三轴应力力学性能评价分析，得到不同条件下水泥石的力学性能变化规律，为认识水泥环在井下不同力学环境下的力学实质奠定基础。拟定的实验方案(主要考察试压工况)如下：

(1)水泥石试样制模。水泥石样取国产水泥浆体系及进口水泥浆体系共 2 种。水泥石高温高压养护、制样(养护时间 7d)：按 119℃×20.7MPa×7d 条件养护后，制作φ25.4mm×50mm 岩心。用传统方法对水泥石取心时会对水泥石施加一定的载荷，使水泥石内部出现微观裂纹，测试影响结果。

(2)井下不同工况对水泥石力学完整性影响的实验方法研究。①考虑试压工况：5000m，177.8mm 套管固井，泥浆密度 2.20g/cm³，试压 30MPa，得到水泥环最大应变0.1811%；②2 种水泥石按 119℃×20.7MPa，加载速率为 1.6kN/min 条件下，测试应力—应变曲线，按一定区间取值得到杨氏模量、泊松比、屈服强度、屈服应变、极限强度及极限应变等力学参数，并找到应变 0.1811%所对应的应力值。③以应变 0.1811%所对应的应力值为最大加载载荷，进行交变载荷实验，119℃×20.7MPa，加载速率为 1.6kN/min，卸载速率为 3.2kN/min，每个水泥石样共测试 7 个加载—卸载循环周。其中，第 1 个循环周卸载完成后，静止，记录其应变完全恢复的应变值。④重点对比第 1 个循环周恢复的形变值，综合对比 7 个循环周交变载荷恢复的形变值，以此对比各水泥石的弹性形变能力。

3.2.1　两种典型水泥体系的固井水泥石弹性力学性能对比

3.2.1.1　国产水泥体系的固井水泥石三轴应力力学性能

水泥样取自于川渝油气田在用固井水泥浆体系，测定 3 个平行水泥石试样在一定温度、围压下的三轴应力—应变曲线，得到水泥石的杨氏模量、泊松比、屈服强度、屈服应变、极限强度及极限应变。养护条件为119℃×20.7MPa 条件下养护 7d，实验条件为119℃×20.7MPa，加载速率为 1.6kN/min。实验曲线如图 3.2 至图 3.4 所示。

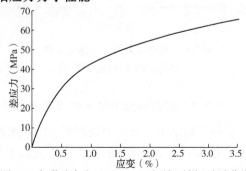

图 3.2　加载速率为 1.6kN/min 时平行试样 1 实验曲线

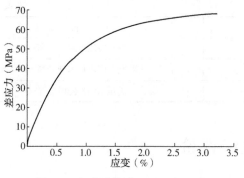

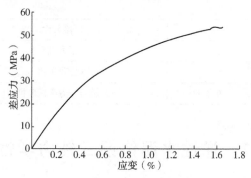

图 3.3　加载速率为 1.6kN/min 时
平行试样 2 实验曲线

图 3.4　加载速率为 1.6kN/min 时
平行试样 3 实验曲线

3.2.1.2　进口水泥体系的固井水泥石的力学性能影响

养护条件为 119℃×20.7MPa 条件下养护 7d，实验条件 119℃×20.7MPa 时，加载速率为 1.6kN/min，实验曲线如图 3.5 至图 3.7 所示。

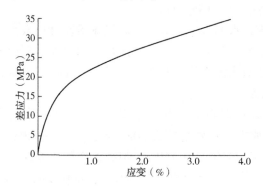

图 3.5　加载速为 1.6kN/min 时平行试样 1 实验曲线

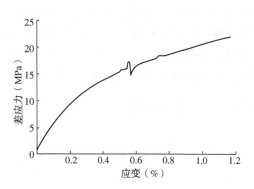

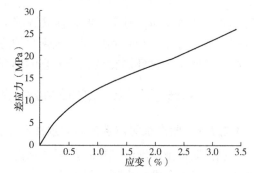

图 3.6　加载速率为 1.6kN/min 时
平行试样 2 实验曲线

图 3.7　加载速率为 1.6kN/min 时
平行试样 3 实验曲线

3.2.1.3　对两种水泥体系的固井水泥石三轴应力力学性能影响分析

根据实验结果，确定加载速率对固井水泥石三轴应力力学性能影响分析如下：在加载速率 1.6kN/min 下，水泥石应力—应变曲线平滑，且屈服阶段较明显，能较为真实反映水泥石的屈服应变行为(表 3.2)。

表 3.2 加载速率对两种水泥体系的固井水泥石三轴应力力学性能影响分析

编号	加载速率（kN/min）	泊松比	弹性模量（MPa）	屈服应力（MPa）	屈服应变（%）	极限应力（MPa）	极限应变（%）
国产水泥体系	1.6	0.087	7531.4	33.7	0.85	51.2	1.78
		0.095	10571	39.5	0.84	52.7	1.35
		0.011	7489.3	30.6	0.51	49.8	1.23
进口水泥体系	1.6	0.015	5124.9	17.8	0.61	32.1	2.78
		0.128	4032.9	12.7	0.28	14.7	0.38
		0.241	1348.3	12.5	0.75	20.7	2.48

3.2.2 不同计算方法对固井水泥石力学性能的影响

岩石力学三轴应力计算有两种方法，一种是以 50%的点来计算杨氏模量，一种是以切线斜率来计算杨氏模量。通过两种方法计算了加载速率 1.6kN/min 时，3 种水泥石×3 个平行样的水泥石的杨氏模量、泊松比、屈服强度、屈服应变、极限强度及极限应变，计算结果相同，说明无论是以 50%的点来计算杨氏模量，还是以切线斜率来计算杨氏模量，结果无差异。在进行交变载荷下水泥环力学性能评价时，有两种方法，一种是以常规的屈服强度为最高加载载荷，测试加载、卸载过程中应变的发展趋势；一种是以极限强度的 1/2 为屈服强度，并作为最高加载载荷，测试加载、卸载过程中应变的发展趋势。

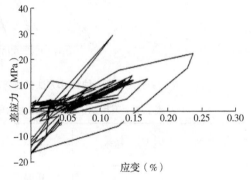

图 3.8 采用第一种计算方法的国产水泥体系水泥石试样 1 应力—应变曲线

3.2.2.1 不同计算方法对国产水泥体系的固井水泥石力学性能的影响

第一种是以常规的屈服强度为最高加载载荷，测试加载、卸载过程中应变的发展趋势。实验曲线如图 3.8 至图 3.10 所示，实验数据如表 3.3 至表 3.5 所示。

表 3.3 采用第一种计算方法的国产水泥体系的水泥石试样 1 实验数据

类型	循环	上升		下降	
		泊松比	弹性模量（MPa）	泊松比	弹性模量（MPa）
国产水泥体系	1	0.257	9323.6	0.260	5712.7
	2	0.250	5985.2	0.304	4807.5
	3	0.198	5075.3	0.205	4953.6
	4	0.213	6125.2	0.247	7780.6
	5	0.431	11805.1	—	—
	6	—	—	—	—
	7	—	—	0.380	4439.6

表 3.4　采用第一种计算方法的国产水泥体系水泥石试样 2 实验数据

类型	循环	上升		下降	
		泊松比	弹性模量（MPa）	泊松比	弹性模量（MPa）
国产水泥体系	1	0.406	8625.2	0.227	2028.4
	2	0.256	1993.9	0.224	1436.4
	3	0.261	1469.6	0.257	1206.4
	4	0.277	1201.2	0.280	1023.4
	5	0.297	1081.9	0.304	939.9
	6	0.328	958.6	0.330	855.7
	7	0.343	860.3	0.364	808.6

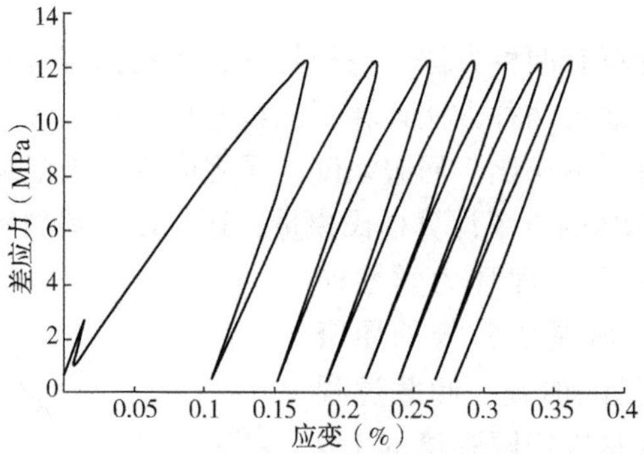

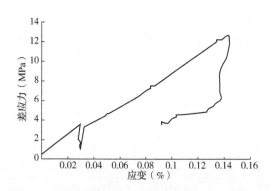

图 3.9　采用第一种计算方法的国产水泥体系水泥石试样 2 应力—应变曲线

表 3.5　采用第一种计算方法的国产水泥体系水泥石试样 3 实验数据

类型	循环	上升		下降	
		泊松比	弹性模量（MPa）	泊松比	弹性模量（MPa）
国产水泥体系	1	0.031	8760.1	—	—
	2	0.064	8033.3	—	—

图 3.10　采用第一种计算方法的国产水泥体系水泥石试样 3 应力—应变曲线

　　第二种是以极限强度的 1/2 为屈服强度，并作为最高加载载荷，测试加载、卸载过程中应变的发展趋势。实验曲线如图 3.11 至图 3.13 所示，实验数据如表 3.6 至表 3.8 所示。

表 3.6 采用第二种计算方法的 MX009-3-X1 水泥石试样 1 实验数据

类型	循环	上升		下降	
		泊松比	弹性模量（MPa）	泊松比	弹性模量（MPa）
国产水泥体系	1	0.078	7106.2	—	—
	2	0.006	6286.9	—	—

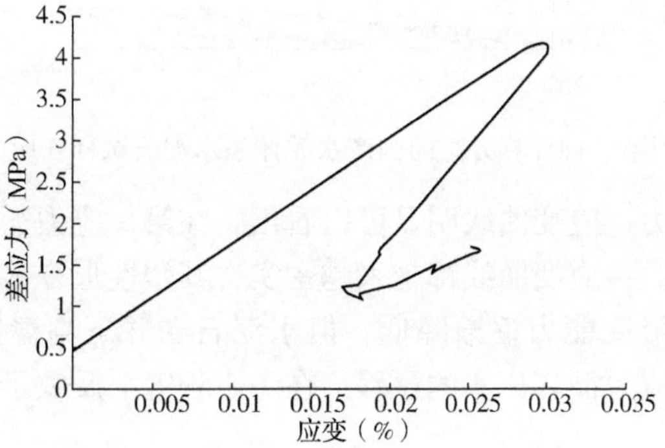

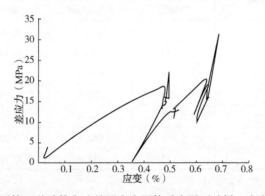

图 3.11 采用第二种计算方法的国产水泥体系水泥石试样 1 应力—应变曲线

表 3.7 采用第二种计算方法的国产水泥体系水泥石试样 2 实验数据

类型	循环	上升		下降	
		泊松比	弹性模量（MPa）	泊松比	弹性模量（MPa）
国产水泥体系	1	0.175	4833.3	0.150	698.3
	2	0.177	685.3	—	—

图 3.12 采用第二种计算方法的国产水泥体系水泥石试样 2 应力—应变曲线

表 3.8 采用第二种计算方法的国产水泥体系水泥石试样 3 实验数据

类型	循环	上升		下降	
		泊松比	弹性模量（MPa）	泊松比	弹性模量（MPa）
国产水泥体系	1	0.003	6865.9	0.105	4931.9
	2	0.096	5181.8	0.036	1051.1
	3	0.022	1087.1	0.027	821.4
	4	0.007	875.7	—	—

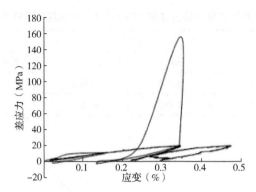

图 3.13　采用第二种计算方法的国产水泥体系水泥石试样 3 应力—应变曲线

从多周应力循环应力—应变曲线明显可以看出，在第一应力循环周中水泥石表现出明显的塑性变形，此后应力—应变曲线都越来越密实，其塑性形变能力均在减小，即多周应力循环后，水泥石塑性形变能力逐渐降低，但水泥石在井下高温高压下存在着一定的韧性。水泥石存在的多周应力循环压实的过程，在一定程度上反映了水泥石内部孔隙结构被压实的过程。

3.2.2.2　不同计算方法对进口水泥体系的固井水泥石力学性能的影响

养护条件为 119℃×20.7MPa 条件下养护 7d，加载速率为 1.6kN/min。一种是以常规的屈服强度为最高加载载荷，测试加载、卸载过程中应变的发展趋势。实验曲线如图 3.14 至图 3.19 所示，实验数据如表 3.9 至表 3.14 所示。

表 3.9　采用第一种计算方法的进口水泥体系水泥石试样 1 实验数据

类型及编号	循环	上升		下降	
		泊松比	弹性模量(MPa)	泊松比	弹性模量(MPa)
进口水泥体系-1	1	0.348	3030.3	0.344	1076.2
	2	0.440	1063.5	0.465	874.9
	3	0.524	875.6	0.544	786.4
	4	0.590	772.6	0.597	693.7
	5	0.643	714.8	0.653	671.9
	6	0.686	662.7	0.690	629.7
	7	0.732	644.6	0.745	608.9

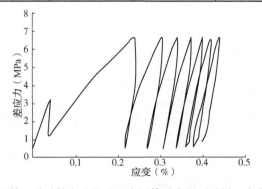

图 3.14　采用第一种计算方法的进口水泥体系水泥石试样 1 应力—应变曲线

表 3.10 采用第一种计算方法的进口水泥体系水泥石试样 2 实验数据

类型及编号	循环	上升		下降	
		泊松比	弹性模量（MPa）	泊松比	弹性模量（MPa）
进口水泥体系-2	1	0.234	4807.3	0.211	2149.8
	2	0.291	2267	0.258	1834.9
	3	0.296	1930.1	0.292	1655.1
	4	0.349	1716.2	0.347	1500.6
	5	0.395	1562.2	0.379	1395.0
	6	0.441	1472.8	0.409	1302.2
	7	0.458	1397.6	0.439	1275.3

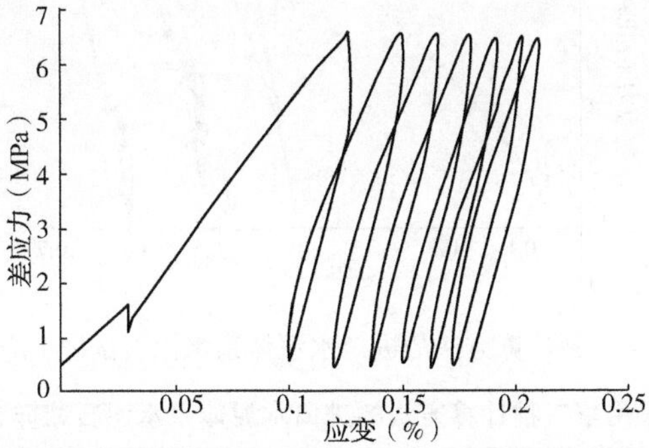

图 3.15 采用第一种计算方法的进口水泥体系水泥石试样 2 应力—应变曲线

表 3.11 采用第一种计算方法的进口水泥体系水泥石试样 3 实验数据

类型及编号	循环	上升		下降	
		泊松比	弹性模量（MPa）	泊松比	弹性模量（MPa）
进口水泥体系-3	1	0.238	3193.8	0.236	1355.1
	2	0.277	1304.6	0.272	1078.9
	3	0.296	1050.2	0.310	958.3
	4	0.325	949.4	0.337	931.0
	5	0.364	927.2	0.378	916.2
	6	0.399	915.0	0.422	880.7
	7	0.421	887.4	0.421	861.3

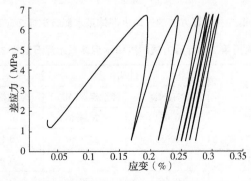

图 3.16 采用第一种计算方法的进口水泥体系水泥石试样 3 应力—应变曲线

表 3.12　用第二种计算方法的进口水泥体系水泥石试样 1 实验数据

类型及编号	循环	上升		下降	
		泊松比	弹性模量(MPa)	泊松比	弹性模量(MPa)
进口水泥体系-4	1	0.267	2790.4	0.247	618.9
	2	0.286	637.6	0.30	519.7
	3	0.320	517.8	0.324	548.4
	4	0.318	580.6	0.317	452.8

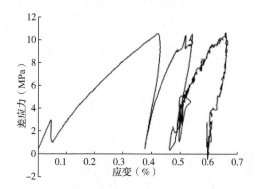

图 3.17　采用第二种计算方法的进口水泥体系水泥石试样 1 应力—应变曲线

表 3.13　采用第二种计算方法的进口水泥体系水泥石试样 2 实验数据

类型及编号	循环	上升		下降	
		泊松比	弹性模量(MPa)	泊松比	弹性模量(MPa)
进口水泥体系-5	1	0.092	589.1	0.882	768.6

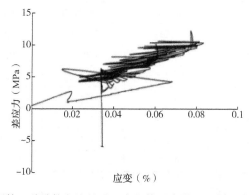

图 3.18　采用第二种计算方法的进口水泥体系水泥石试样 2 应力—应变曲线

表 3.14　采用第二种计算方法的进口水泥体系水泥石试样 3 实验数据

类型及编号	循环	上升		下降	
		泊松比	弹性模量(MPa)	泊松比	弹性模量(MPa)
进口水泥体系-6	1	0.057	7084.6	0.019	2179.8
	2	0.059	2371.8	0.230	2014.3
	3	0.331	2233.1	0.369	2038.3
	4	0.468	2139.8	0.463	1961.4

类型及编号	循环	上升		下降	
		泊松比	弹性模量(MPa)	泊松比	弹性模量(MPa)
进口水泥体系-6	5	0.532	2110.7	0.502	1977.9
	6	0.570	2086.4	0.556	1978.5
	7	0.624	2083.5	0.608	1933.6

从循环载荷应力—应变曲线可以看出，在第一应力循环周中水泥石表现出明显的塑性变形，此后应力—应变曲线都越来越密实，其塑性形变能力均在减小，即多周应力循环后，水泥石塑性变形能力逐渐降低，但水泥石在井下高温高压下确实存在着一定的韧性。水泥石存在的多周应力循环压实的过程，在一定程度上反映了水泥石内部孔隙结构被压实的过程。

从测试结果看，以极限强度的一半作为最高加载载荷，水泥石在6个循环周以内基本都破坏了，因此，交变载荷的最高载荷以计算得到的屈服强度值更能进行不同水泥石数据规律的对比。

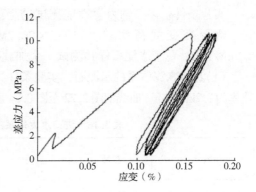

图3.19　采用第二种计算方法的进口水泥体系水泥石试样3应力—应变曲线

3.2.3　试压工况对水泥石力学性能影响评价实验

3.2.3.1　水泥石三轴力学性能实验

实验共对2组试样进行三轴力学性能实验，包括进口水泥体系的水泥石及国产水泥体系的水泥石。试样均在119℃×20.7MPa条件下养护7d，实验条件为119℃×20.7MPa，加载速率为1.6kN/min。三轴应力—应变曲线如图3.20和图3.21所示。2组水泥石三轴力学性能数据如表3.15所示。

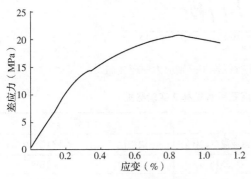

图3.20　进口水泥体系的水泥石
三轴应力—应变曲线

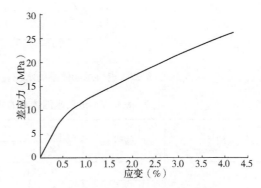

图3.21　国产水泥体系的水泥石
三轴应力—应变曲线

表 3.15 水泥石三轴应力力学性能的影响分析

类别	泊松比	弹性模量 (MPa)	屈服应力 (MPa)	屈服应变 (%)	极限应力 (MPa)	极限应变 (%)
进口水泥体系	0.0893	4341.2	20.7	0.67	49.6	4.92
国产水泥体系	0.0724	4285.4	18.7	0.65	26.3	4.2

3.2.3.2 交变载荷下的三轴力学性能实验

实验条件：以三轴力学性能测试结果的 0.1811% 应变所对应的应力值为最大加载载荷，进行交变载荷实验，119℃×20.7MPa，加载速率为 1.6kN/min，卸载速率为 3.2kN/min，每个水泥石样共测试 7 个加载—卸载循环周。测试结果如下：

（1）进口水泥体系的水泥石，实验条件为 119℃×20.7MPa，加载速率为 1.6kN/min，卸载速率为 3.2kN/min，曲线如图 3.22 至图 3.24 所示，计算所得实验数据如表 3.16 至表 3.18 所示。

表 3.16 进口水泥体系的水泥石平行试样 1 实验数据

编号	循环	上升		下降	
		泊松比	弹性模量 (MPa)	泊松比	弹性模量 (MPa)
进口水泥体系的水泥石-1	1	0.348	3030	0.344	1076.2
	2	0.44	1063.5	0.465	874.9
	3	0.524	875.6	0.544	786.4
	4	0.590	772.6	0.597	693.7
	5	0.643	714.8	0.653	671.9
	6	0.686	662.7	0.690	629.7
	7	0.732	644.6	0.745	608.9

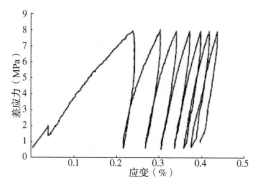

图 3.22 进口水泥体系的水泥石平行试样 1 三轴应力—应变曲线

表 3.17 进口水泥体系的水泥石平行试样 2 实验数据

编号	循环	上升		下降	
		泊松比	弹性模量 (MPa)	泊松比	弹性模量 (MPa)
进口水泥体系的水泥石-2	1	0.2284	3516.6	0.3873	2583
	2	0.4175	3099.9	0.4836	2978.7
	3	0.5438	3627	0.5383	3497.1
	4	0.7353	4291.9	0.784	4067.2
	5	0.9412	5170.2	0.9284	4746.4

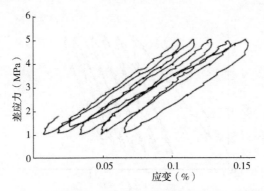

图 3.23 进口水泥体系的水泥石平行试样 2 三轴应力—应变曲线

表 3.18 进口水泥体系水泥石平行试样 3 实验数据

编号	循环	上升		下降	
		泊松比	弹性模量(MPa)	泊松比	弹性模量(MPa)
进口水泥体系 水泥石-3	1	0.0063	3814.8	0.0067	2482
	2	0.0131	2302.1	0.0383	1975.2
	3	0.0455	1928.2	0.425	1746.3
	4	0.0703	1730.4	0.0778	4067.2
	5	0.0743	1632.6	0.0836	1526.2
	6	0.087	1537.2	0.0956	1473.4
	7	0.1031	1490.3	0.1028	1437.2

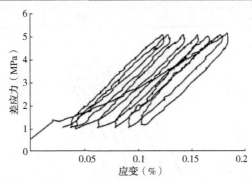

图 3.24 进口水泥体系水泥石平行试样 3 三轴应力—应变曲线

(2)国产水泥体系的水泥石,实验条件为 119℃×20.7MPa,加载速率为 1.6kN/min,卸载速率为 3.2kN/min,曲线如图 3.25 至图 3.27 所示,计算所得实验数据如表 3.19 至表 3.21 所示。

表 3.19 国产水泥体系的水泥石平行试样 1 实验数据

编号	循环	上升		下降	
		泊松比	弹性模量(MPa)	泊松比	弹性模量(MPa)
国产水泥体系的 水泥-1	1	0.304	6639.5	0.398	4237
	2	0.547	4297	0.549	3694.4
	3	0.65	3682.5	0.617	3307.8
	4	0.692	3239.7	0.673	2895.6
	5	0.73	2958.6	0.69	2645.6
	6	0.736	2730.5	0.705	2463.3
	7	0.745	2542.8	0.722	2351.9

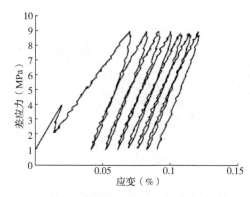

图 3.25 国产水泥体系的水泥石平行试样 1 三轴应力—应变曲线

表 3.20 国产水泥体系的水泥石平行试样 2 实验数据

编号	循环	上升		下降	
		泊松比	弹性模量（MPa）	泊松比	弹性模量（MPa）
国产水泥体系的水泥-2	1	0.319	8336	0.46	5346
	2	0.672	5197.7	0.7	4289.2
	3	0.8272	4178.4	0.8	3653
	4	0.9365	3595	0.89	3221
	5	—	3318	0.99	3087
	6	—	3074	—	2789
	7	—	2798	—	2586

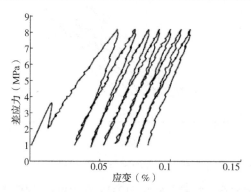

图 3.26 国产水泥体系的水泥石平行试样 2 三轴应力—应变曲线

表 3.21 国产水泥体系的水泥石平行试样 3 实验数据

编号	循环	上升		下降	
		泊松比	弹性模量（MPa）	泊松比	弹性模量（MPa）
国产水泥体系的水泥-3	1	0.0366	3845.6	-0.0067	2502.1
	2	0.0132	2320.7	0.0386	1991.2
	3	0.0458	1943.8	0.0428	1760.4
	4	0.0709	1744.4	0.0783	1644.6
	5	0.0749	1645.8	0.0842	1644.6
	6	0.08768	1549.6	0.0963	1485.3
	7	0.1039	1502.3	0.1036	1448.9

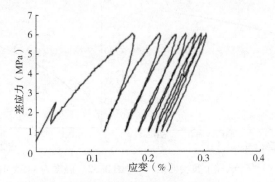

图 3.27　国产水泥体系的水泥石平行试样 3 三轴应力—应变曲线

各试样循环间形变回复量见表 3.22。

表 3.22　水泥石三轴应力实验循环间形变恢复量(％)

循环 类别	1	2	3	4	5	6
进口水泥体系	0.0842	0.082	0.082	0.067	0.0784	0.0762
国产水泥体系	0.0461	0.0561	0.0593	0.0572	0.0609	—

3.2.4　不同温度、围压对固井水泥石力学性能的影响

3.2.4.1　温度、围压对 MX009-3-X1 井固井水泥石的力学性能影响

（1）不同温度对 MX009-3-X1 井固井水泥石的力学性能影响。

水泥石在 119℃×20.7MPa 条件下养护7d，实验条件为 90℃×20.7MPa。实验曲线如图 3.28 至图 3.30 所示。

实验条件为 119℃×20.7MPa，实验曲线如图 3.31 至图 3.33 所示。

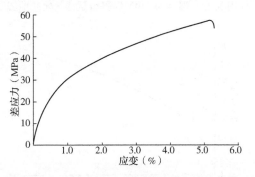

图 3.28　温度为 90℃时平行试样 1 实验曲线

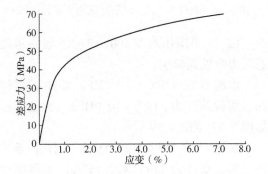

图 3.29　温度为 90℃时平行试样 2 实验曲线

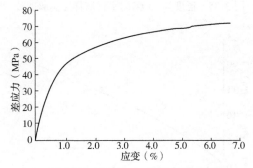

图 3.30　温度为 90℃时平行试样 3 实验曲线

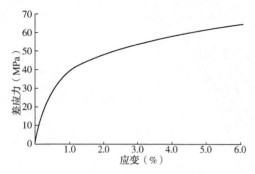

图 3.31　温度为 119℃时平行试样 1 实验曲线

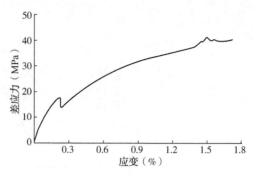

图 3.32　温度为 119℃时平行试样 2 实验曲线

实验条件为 130℃×20.7MPa，实验曲线如图 3.34 至图 3.36 所示。

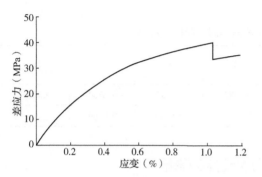

图 3.33　温度为 119℃时平行试样 3 实验曲线

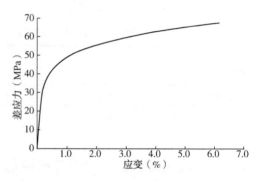

图 3.34　温度为 130℃时平行试样 1 实验曲线

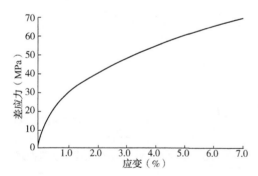

图 3.35　温度为 130℃时平行试样 2 实验曲线

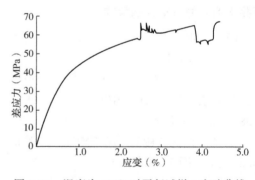

图 3.36　温度为 130℃时平行试样 3 实验曲线

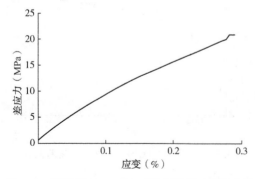

图 3.37　围压为 10.0MPa 时平行试样 1 实验曲线

（2）不同围压对 MX009-3-X1 固井水泥石的力学性能影响。

水泥石在 119℃×20.7MPa 条件下养护 7d，实验条件为 119℃×10.0MPa。实验曲线如图 3.37 至图 3.39 所示。

水泥石在 119℃×20.7MPa 条件下养护 7d，实验条件为 119℃×20.7MPa。实验曲线如图 3.40 至图 3.42 所示。

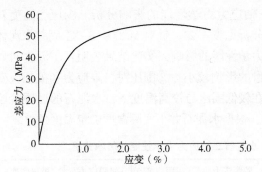

图 3.38　围压为 10.0MPa 时平行试样 2 实验曲线

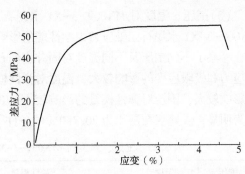

图 3.39　围压为 10.0MPa 时平行试样 3 实验曲线

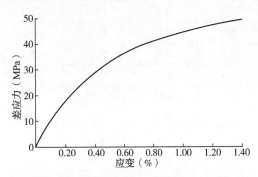

图 3.40　围压为 20.7MPa 时平行试样 1 实验曲线

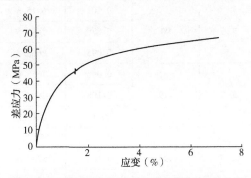

图 3.41　围压为 20.7MPa 时平行试样 2 实验曲线

　　水泥石在 119℃×20.7MPa 条件下养护 7d，实验条件为 119℃×30.0MPa。实验曲线如图 3.43 至图 3.45 所示。

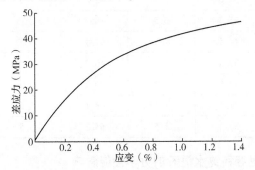

图 3.42　围压为 20.7MPa 时平行试样 3 实验曲线

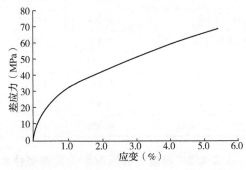

图 3.43　围压为 30.0MPa 时平行试样 1 实验曲线

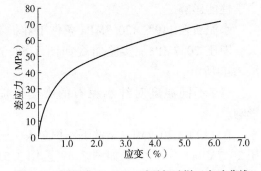

图 3.44　围压为 30.0MPa 时平行试样 2 实验曲线

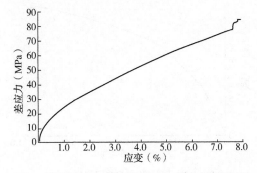

图 3.45　围压为 30.0MPa 时平行试样 3 实验曲线

（3）围压、温度对 MX009-3-X1 水泥石三轴应力力学性能的影响分析。围压、温度对 MX009-3-X1 水泥石三轴应力力学性能的影响分析见表 3.23。针对 MX009-3-X1 固井水泥体系，考察了不同围压及不同温度对固井水泥石力学性能的影响，实验结果表明：①温度对屈服应力和极限应变的影响较大，温度对弹性模量的影响较小；②围压对极限应力和极限应变的影响较大，围压对弹性模量的影响较小；③在较低围压与较高温度下，水泥石的屈服阶段较为明显；④建议在围压为 20.7MPa 的条件下，根据水泥石井下实际温度确定温度条件。

表 3.23　围压、温度对 MX009-3-X1 水泥石三轴应力力学性能的影响分析

围压（MPa）	温度（℃）	泊松比	弹性模量（MPa）	屈服应力（MPa）	屈服应变（%）	极限应力（MPa）	极限应变（%）
20.7	90	0.101	6715.3	29.3	0.5	58.9	5.1
		0.079	7683.5	35.0	0.75	61.3	6.0
		0.095	8666.4	32.7	0.71	52.3	5.7
20.7	119	0.068	7665.9	20.6	0.3	45	1.5
		0.188	12718.7	18.3	0.25	45	1.5
		0.1	8811.9	25.4	0.4	42	1.05
20.7	130	0.329	23737.3	56.8	2.8	65.3	5.1
		0.103	5236.6	49.5	2.7	62	5.3
		0.187	8076.2	55.2	2.4	67	4.5
10	119	0.002	9229.3	20.3	0.27	20.3	0.27
		0.203	8544.3	35.0	0.5	50	4.2
		0.252	9878.4	38.6	0.7	55	4.5
20.7	119	0.204	8418.4	35.7	0.5	45	1.25
		0.015	8262.7	44.4	1.9	52.1	4.5
		0.130	9742.2	30.5	0.6	40.7	1.19
30	119	0.143	7957.2	37.5	1.2	70.7	5.2
		0.407	12722.1	35.3	1.0	68.1	5.2
		0.036	6702.5	32.3	1.5	65.2	5.5

3.2.4.2　温度、围压对斯伦贝谢弹性水泥石和纯水泥石的力学性能影响

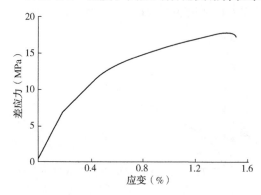

图 3.46　斯伦贝谢弹性水泥石 50℃
三轴应力—应变曲线

（1）不同温度对斯伦贝谢弹性水泥石的力学性能影响。

水泥石在 119℃×20.7MPa 条件下养护 7 天，围压 20.7MPa。实验曲线如图 3.46 至图 3.48 所示。

（2）不同温度对纯水泥石的力学性能影响。

在 119℃×20.7MPa 条件下养护 7 天，围压 20.7MPa。实验曲线如图 3.49 至图 3.51 所示。

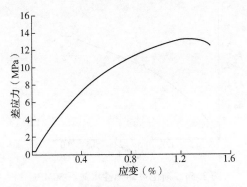

图 3.47　斯伦贝谢弹性水泥石 80℃
三轴应力—应变曲线

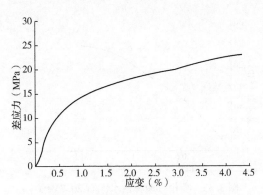

图 3.48　斯伦贝谢弹性水泥石 110℃
三轴应力—应变曲线

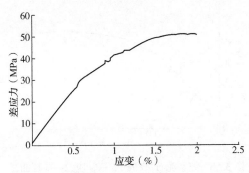

图 3.49　纯水泥石 50℃三轴应力—应变曲线

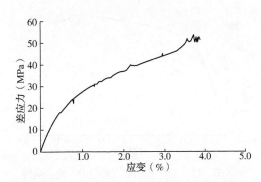

图 3.50　纯水泥石 80℃三轴应力—应变曲线

（3）不同围压对斯伦贝谢弹性水泥石的力学性能影响。

在 119℃×20.7MPa 条件下养护 7d，温度 50℃。实验曲线如图 3.52 至图 3.54 所示。

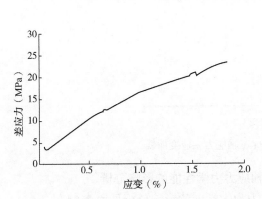

图 3.51　纯水泥石 110℃三轴应力—应变曲线

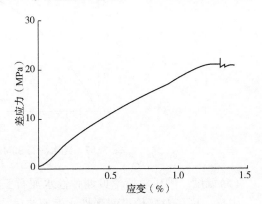

图 3.52　斯伦贝谢弹性水泥石 10MPa
三轴应力—应变曲线

（4）不同围压对纯水泥石的力学性能影响。

在 119℃×20.7MPa 条件下养护 7d，温度 50℃。实验曲线如图 3.55 至图 3.57 所示。

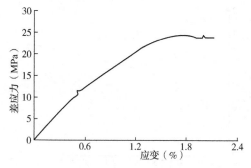

图 3.53　斯伦贝谢弹性水泥石 20.7MPa
三轴应力—应变曲线

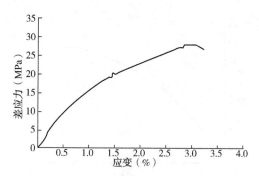

图 3.54　斯伦贝谢弹性水泥石 30MPa
三轴应力—应变曲线

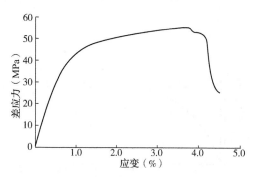

图 3.55　纯水泥石 10MPa 三轴应力—应变曲线

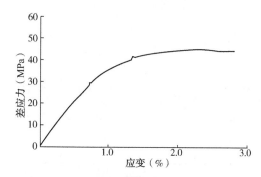

图 3.56　纯水泥石 20.7MPa 三轴应力—应变曲线

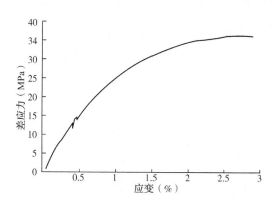

图 3.57　纯水泥石 30MPa 三轴应力—应变曲线

（5）温度、围压对斯伦贝谢弹性水泥石三轴应力力学性能的影响分析。

温度、围压对斯伦贝谢弹性水泥石三轴应力力学性能的影响分析见表 3.24。

表 3.24　围压、温度对斯伦贝谢弹性水泥石三轴应力力学性能的影响分析

围压 （MPa）	温度 （℃）	泊松比	弹性模量 （MPa）	屈服应力 （MPa）	屈服应变 （%）	极限应力 （MPa）	极限应变 （%）
20.7	50	0.0698	3963.2	12.6	0.52	17.9	1.46
20.7	80	0.0013	1973.6	13.3	1.22	13.3	1.3
20.7	110	0.19	4404.8	13.7	0.43	23.1	1.2

围压 （MPa）	温度 （℃）	泊松比	弹性模量 （MPa）	屈服应力 （MPa）	屈服应变 （%）	极限应力 （MPa）	极限应变 （%）
10	50	0.1277	2362.8	20.5	1.17	22	1.38
20.7	50	0.1095	2203.3	23.3	1.46	24.4	2.1
30	50	0.0934	2010.8	27	2.73	28	3.15

　　针对斯伦贝谢弹性水泥体系，考察了不同温度及不同围压对固井水泥石力学性能的影响，实验结果表明：①温度对极限应力的影响较大；②围压对极限应变的影响较大，围压对弹性模量的影响较小；③在较高围压与较高温度下，水泥石的屈服阶段较为明显。

　　（6）温度、围压对纯水泥石三轴应力力学性能的影响分析。

　　温度、围压对纯水泥石三轴应力力学性能的影响分析见表3.25。

表 3.25　围压、温度对纯水泥石三轴应力力学性能的影响分析

围压 （MPa）	温度 （℃）	泊松比	弹性模量 （MPa）	屈服应力 （MPa）	屈服应变 （%）	极限应力 （MPa）	极限应变 （%）
20.7	50	0.12	5400.7	25.7	0.53	50.8	1.97
20.7	80	0.11	5577.2	26.6	0.94	52.6	3.77
20.7	110	0.1374	4154.1	20	1.46	23.2	1.8
10	50	0.1056	6523.1	34	0.6	55.5	3.62
20.7	50	0.181	4154.2	33	0.87	45.2	2.2
30	50	0.292	3518	28.5	1.27	36.6	2.62

　　针对纯固井水泥体系，考察了不同温度及不同围压对固井水泥石力学性能的影响，实验结果表明：①温度对极限应变的影响较大；②围压对极限应力和极限应变的影响较大；③在较高围压与较低温度下，水泥石的屈服阶段较为明显。

3.3　固井水泥石弹性力学性能规范研究

　　在上述对水泥石三轴力学性能评价分析的基础上，修改完善了水泥石杨氏模量的测定方法，并初步提出水泥石弹性力学性能规范的草本。

3.3.1　水泥石杨氏模量测定方法

　　（1）试样准备。①试样加工规格要求。水泥石测试样品按照 GB/T 19139 所述方法制备和养护，脱模冷却后尽快加工成圆柱体试样，圆柱体直径宜为 25mm±1.0mm，长度为51mm±1.0mm。试样两端面平行度不应大于 0.05mm，上、下端直径偏差不应大于0.03mm，轴线偏差不应大于 0.25°。端面平行度、轴线偏差的测试方法按 GB/T 23561.7《煤和岩石物理力学性质测定方法 第 7 部分：单轴抗压强度测定及软化系数计算方法》中的方法执行。②试样含水状态。试样宜为自然含水状态。③试样数量。每组实验试样的数量应不少于 3 个。

（2）主要仪器及其技术指标。①加载设备。采用单轴或三轴应力电液伺服试验机，精度应不低于一级，能满足按 A.3 加载速率的要求。②仪器。试验机配有：a)载荷和位移传感器用来控制加载速率，加载速率建议选择 1.6~5.0kN/min，或利用工程技术研究院自主研发的地层—水泥环—套管力学完整性分析软件计算实际工况下水泥环受力的加载速率；b)计算机数据采集处理系统。③热缩管。用来包裹试样，宜采用具有热缩性能的橡胶或塑料套管。④压头。两个钢制压头用于将轴压传递给试样两端，硬钢材质，硬度应大于洛氏硬度 58HRC，压头受载面应平行。⑤应变测量装置。试样应变测定可通过电阻应变片或应变计等技术取得，应变的测量精度应小于 2.5×10^{-5}。

（3）试验步骤。①试样编号。对试样依次编号。②尺寸测量。测量试样的长度、直径，并作好记录。③试验测试，开动试验机，将试样用热缩管包好后置于试验机中，连接好应变测量装置。待系统稳定后施加轴向载荷直至试样破碎。加载速率选定应使试样在 2~10min 能够破碎，同一组试样试验宜采用同一种载荷控制方式。采用载荷的控制可以通过加载应力控制和加载应变控制方式实现。

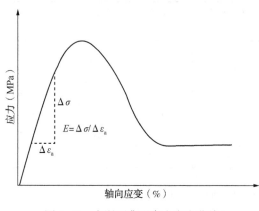

图 3.58　水泥石典型应力应变曲线

（4）计算方法。①轴向应变的计算。轴向应变 ε_a 可以直接从应变显示设备上获得，或者从变形读数计算获得，应变的读数应记录到小数点后面第六位。②杨氏模量的计算与确定：a)杨氏模量的计算，杨氏模量为轴向应力应变曲线直线部分的平均倾斜度。弹性段下点宜选取应力应变上升段抗压强度 30% 的位置，弹性段上点宜选取应力应变曲线上升段抗压强度 70% 的位置。在应力应变曲线的直线段部分用线性最小二乘法拟合，其直线段部分的斜率即为试样的杨氏模量。图 3.58 为杨氏模量计算方法示意图。b)杨氏模量的确定。水泥石的杨氏模量按 3 个试样的算术平均值计算，如果其中最大值或最小值任意一个超过中间值的 20%，则该组试样试验结果无效，亦可增补试样数量，有效杨氏模量计算数据维持在 3 个及以上。

3.3.2　水泥石弹性力学性能规范

使水泥环保持较好的韧性、柔性或弹性，能使水泥环在受到套管内挤力和地层外压力时，具有比普通水泥环更好的弹性形变空间，在各种力的影响下，不在界面出现微间隙，从而延长固井水泥环的长期力学封隔能力，这对于评价井筒安全性和延长油气井寿命具有非常重要的意义。韧性水泥体系是石油工程界固井领域未来发展的一个主流方向。由上述研究可知，在不同加载速率的条件下或应力—应变曲线上不同取值区间所得到的水泥石的弹性模量数据是完全不一样的。因此，课题组分析后，认为水泥石弹性力学性能规范不能简单用杨氏模量一个参数表征。

其次，由表 3.26 中四种水泥石在交变载荷下三轴应力实验评价可知，四种水泥石在 6 个循环周加载、卸载过程中，水泥石发生了不同程度的形变恢复。将形变恢复量作为水泥石弹性力学性能规范的指标符合"弹性"这一概念。

表 3.26　水泥石三轴应力实验循环间形变恢复量(%)

类别＼循环	1	2	3	4	5	6
纯水泥	0.072	0.067	0.061	0.056	0.051	0.050
斯伦贝谢弹性水泥	0.0842	0.082	0.082	0.067	0.0784	0.0762
井下柔性自应力水泥	0.0681	0.768	0.074	—	—	—
磨溪—高石梯水泥	0.0461	0.0561	0.0593	0.0572	0.0609	—

由表 3.26 可以看出：(1)对比第 1 个循环周水泥石循环恢复值，斯伦贝谢水泥石最高，说明斯伦贝谢水泥石弹性较好；而井下柔性自应力水泥和磨溪—高石梯在用水泥(中国石油集团工程技术研究院微膨胀韧性水泥石)的形变恢复量比纯水泥石还低，这并不能说明纯水泥石的柔性或弹性比井下柔性自应力水泥和中国石油集团工程技术研究院微膨胀韧性水泥石要好。经过研究分析认为，由于项目组用的纯水泥只用了油井 G 级水泥，以 0.44 水灰比配制的 1.90g/cm³ 的常规密度水泥石，首先其工程性能，包括稳定性、稠化时间等均不满足相关规定和要求。其次，由于纯水泥的沉降稳定性不好，所形成的水泥石较为密实，在加载过程中，水泥石直接进入弹性形变阶段，而井下柔性自应力水泥和中国石油集团工程技术研究院微膨胀韧性水泥石由于考虑了综合工程性能，在其体系中加入了不同的增加韧性、弹性或柔性的外掺料，体系稳定造成所形成的晶体结构具有一定的孔隙空间，从而在初期加载和卸载时，存在一个被压实的阶段，这个阶段并不反映出其体系的弹性力学形变能力。从后期看，井下柔性自应力水泥从第 2 个循环周开始，中国石油集团工程技术研究院微膨胀韧性水泥石从第 4 个循环周开始，其恢复形变量就超过纯水泥的形变恢复量了。因此，从交变载荷的结果看，4 种水泥石柔性、弹性或韧性对比的结果应为斯伦贝谢水泥石的弹性>中国石油集团工程技术研究院微膨胀韧性水泥石>井下柔性自应力水泥>纯水泥。(2)井下柔性自应力水泥在第 4 个循环周破碎，磨溪—高石梯在用水泥(中国石油集团工程技术研究院微膨胀韧性水泥石)在第 6 个循环周破碎，这两种水泥石在多次交变载荷下其抗压强度值受损严重，从一个侧面反映出该两种水泥石的长期力学性能可能不是很理想。

从数据上看，长期力学性能的对比结果：斯伦贝谢水泥石>纯水泥>中国石油集团工程技术研究院微膨胀韧性水泥石>井下柔性自应力水泥。用形变恢复量来评价水泥石弹性力学性能，目前国内外还未有学术团队开展过类似的研究工作。这种学术思想是在本项目的研究过程中逐步形成的，属于国内外的首创，在本项目中的提出还处于探索性阶段。下面为拟定的水泥石弹性力学性能规范的草本。

(1)水泥体系的工程性能评价。首先，按 SY/T 5546—1992《油井水泥应用性能试验方法》、GB 10238—2005《油井水泥》、GB/T 19139—2005《油井水泥试验方法》、API RP 10B《油井水泥试验推荐做法》等的相应规定，针对具体的不同井况，对被测试水泥浆体系的工程性能，包括密度、稳定性、稠化时间、抗压强度、API 失水和流体相容性等按固井工程设计要求进行评价，如不满足设计要求或中国石油西南油气田分公司固井管理技术规定，则不进行水泥石的弹性力学性能评价。

(2)对满足基本工程要求的水泥体系，按圆柱体直径宜为 25mm±1.0mm，长度为 51mm±1.0mm 养护制模。试样平行样数量不少于 3 个。

（3）在三轴应力实验机上以加载速率建议选择 1.6~5.0kN/min，卸载速率为加载速率的 1 倍，或利用西南油气田分公司工程技术研究院自主研发的地层—水泥环—套管力学完整性分析软件计算实际工况下水泥环受力的加载和卸载速率进行至少 6 个循环周期的加载、卸载的交变测试实验。记录每个周期水泥石发生的绝对形变量和恢复形变量。

（4）数据分析。①柔性、弹性或韧性的对比：所有的水泥石均与同批次同条件养护的不考虑工程性能的纯水泥石（油井 G 级水泥，以 0.44 水灰比配制的 1.90g/cm³ 的常规密度水泥）做对比，如在 6 个循环周以上，其形变恢复量还未达到或超过纯水泥石的弹性形变恢复量，则增加加载、卸载交变载荷的循环周，如被考察水泥石或纯水泥石在多次循环交变载荷下任一水泥石破坏后，被考察水泥石弹性形变恢复量均未超过纯水泥石，则被考察水泥石不具有柔性、弹性或韧性，或其柔性、弹性或韧性较差，反之，则具有一定柔性、弹性或韧性。②长期力学性能的对比：所有水泥石均与同批次同条件养护的不考虑工程性能的纯水泥（油井 G 级水泥，以 0.44 水灰比配制的 1.90g/cm³ 的常规密度水泥）石做对比，在考察的不少于 6 次的循环周内，未出现水泥石破碎的，则表示其长期力学性能较好，反之则较差。

参 考 文 献

［1］陈若堂，关世利，周雷雷，等．高温下水泥石力学性能及热学性能的评价方法［J］．中国石油和化工标准与质量，2017，37(13)：189-192.

［2］杜建波．固井水泥环力学完整性评价装置的研究及应用［D］．成都：西南石油大学，2017.

［3］赵效锋，管志川，廖华林，等．水泥环力学完整性系统化评价方法［J］．中国石油大学学报（自然科学版），2014，38(04)：87-92.

［4］刘健．油气井水泥石力学行为本构方程与完整性评价模型研究［D］．成都：西南石油大学，2013.

［5］王毅，陈大钧，余志勇，等．水平井水泥石力学性能的实验评价［J］．天然气工业，2012，32(10)：63-66，114-115.

［6］练章华，沙磊，陈世春，等．岩石力学性能实验与水泥环胶结强度评价［J］．钻采工艺，2011，34(01)：101-103，108.

第4章 固井水泥环体积稳定性评价方法

油气井固井注水泥作业主要目的就是对套管外环形空间进行有效封隔，防止油气井钻井、增产作业和生产过程中的地层流体窜流，为套管提供有效支撑和保护，减少和缓和地层围岩对套管的作用，改善套管的受力状况、延长油气井寿命、保证油气生产的正常进行[1,2]。

在井筒固井施工过程中，由于油井水泥固有的高体积收缩和高失水特性引起的水泥浆体积固化收缩和固化后水泥石自身收缩，是造成油气井气窜和固井质量差的主要原因[3,4]。水泥浆固化过程中及固化后水泥石的膨胀和收缩引发的固井质量问题，目前在国内外固井界尚未得到很好解决。水泥浆体的体积收缩使水泥环的胶结质量不能保证，严重时会形成间隙，形成油、气、水通道，造成层间窜动[5,6]。解决水泥浆体的收缩问题，是提高固井质量、避免油气窜的根本所在。应用膨胀水泥浆体系解决上述问题是被认为是最具前景的，是在水泥浆中加入一种添加剂，使其在被泵送或替到位置之后凝固前产生一定量的膨胀量，此膨胀量均匀地分布在水泥浆体中[7-10]。其体积膨胀作用，也可以抑制水泥石的收缩，从而消除水泥内及水泥石与地层间形成的微裂缝，防止地层流体窜流通道的出现。

4.1 固井水泥石体积稳定性评价方法调研

水泥浆固化过程中及固化后水泥石的膨胀和收缩对固井质量影响极大。水泥浆体及水泥石的膨胀严重时将挤压损坏套管，收缩时使水泥环的胶结质量不能保证，严重时还会形成间隙，这都可能造成固井失败。国内外学者多从固井水泥的作用机理、膨胀外加剂及固井工艺方面展开研究，较少涉及水泥膨胀评价方法研究。现在还没有研究评价水泥浆膨胀性能的专用仪器，目前都是采用比较简单的方法进行测试，效果不够理想，不能模拟井下实际工况，在整个试验周期内连续测定试验条件下水泥塑性体和硬化体的体积随时间的变化量及变化规律，因此不能满足解决固井现场问题及深入研究的需求。

水泥浆在高温高压条件下性能受到破坏，水泥颗粒易下沉絮结，水泥浆稳定性发生变化，在静止时伴随游离液析出，易形成游离液通道，同时上部的水泥浆密度降低，导致凝固后的水泥石强度低，渗透率升高，容易形成油气水窜槽，最终导致气窜，影响固井质量[11]。因此深井固井对水泥浆体系的性能要求极为苛刻。水泥浆在高温高压条件下的性能很大程度上决定了固井质量的好坏。

针对水泥浆膨胀收缩性能评价的方法进行国内外资料调研，主要包括对水泥浆体线性膨胀收缩的评价方法及体积膨胀收缩的评价方法进行了分析与汇总。

4.1.1 国内外水泥石轴向线性稳定性测试方法研究

水泥浆体的膨胀率/收缩率测试方法一直是固井界研究的重点问题，本文对现有的国内外水泥/混凝土体积变化率测试方法进行调研，优选出适合本项目使用的方法并进行比较分析。

(1) 水泥条(长方体)测长法[12]。

该方法类似于 ASMT C 151—1996，将水泥制浆成型为长方体(2.54cm×2.54cm×25.4cm)，试体两端装测头，成型24h后用螺旋测微仪测初长，然后置于养护室中至规定龄期，测长。

优点：可连续测定硬化体膨胀。缺点：无法测定塑性体膨胀和硬化体早期膨胀。

(2) 水泥块(正方体)测长法。

方法同(1)。水泥试体为 2.54cm×2.54cm×2.54cm 的正方体。采用螺旋测微仪测长。

优缺点同(1)。

(3) 水泥柱测长法。

在水泥终凝后 2h 脱模测初长，水泥试体尺寸为 4cm×4cm×16cm。

优点：能反映终凝后早期膨胀特性。缺点：无法测定塑性体膨胀。

(4) 高温高压水泥柱(径向)测长法。

将水泥浆装入侧面开口的密封模具内(采用321W. D. 不锈钢)，模具内径为 4.19cm，高 5.08cm，壁厚 0.09cm，侧开口处装测头和弹簧。装入水泥浆后用螺旋测微仪测初长，然后将模具置于高温高压养护釜中至规定龄期后，取出冷却后测终值。

优点：可测定高温高压下的径向总膨胀。缺点：无法区分塑性体和硬化体膨胀。

(5) 量筒法。

将水泥浆置于15~20mL 的量筒中，水浴养护后 5min 读初值，初凝时读终值，并换算成线膨胀。

优点：可测定水泥浆的塑性体膨胀。缺点：操作误差大，不能测定硬化体的膨胀。

(6) 膨胀量自动测定仪。

将水泥浆成型养护 24h 后脱模，置于膨胀量自动测定仪中(采用线性差动位移传感器)，在规定温度下连续测定水泥试体的线膨胀量。

优点：连续测定，直接得到膨胀曲线且误差小。缺点：无法测定塑性体膨胀、每次只能测定一个试体。

(7) 比长仪法。

具体测试方法是：

① 先将水泥浆在增压稠化仪中进行养护，将水泥浆倒入两端装有球形钉头的 25mm×25mm×280mm 模具内，用餐刀在钉头两侧插实 3~5 次，将水泥浆整平，用手将试模一端向上提起 30~50mm，使其自由落下，振动 10 次，放到水浴锅中养护。

② 待水泥石终凝 1~2h 后，取出冷却至室温，用比长仪测定水泥石初长 L_1，再放入水浴锅中养护至龄期，测量水泥石长度 L_2。

每次测量前，比长仪必须放平并校正表针零点位置；测量时，应将试体和红头擦净。试体放入比长仪的上下位置应固定；测量读数时应旋转试体，使试体钉头和比长仪正确接触，如表针跳动时，可取跳动范围内的平均值。测量值应精确至 0.01mm，各龄期的膨胀

率 E_x（%）按下式计算：$E_x = (L_2 - L_1)/L \times 100\%$。

式中：E_x——各龄期的膨胀率；

L_1——试体初始长度读数，mm；

L_2——试体各龄期长度读数，mm；

L——试体的有效长度，250mm。

取三条试体膨胀值的平均值，作为膨胀率的测定结果。

比长仪示意图如图4.1所示。

（a）比长仪　　　　　　　　　　　　（b）模具

图4.1　比长仪及模具

将各类方法进行归纳总结，分析其优缺点，比长仪法虽然无法在高温高压下进行测量，而且采用的是建筑行业的统一标准，不适用于水泥石的测量，但该方法可以连续测定硬化体膨胀收缩性能，故作为本项目的一个线性膨胀收缩特性的实验评价方法进行对比分析，见表4.1。

表4.1　各类线性膨胀收缩测试方法优缺点对比

方法名称	优　点	缺　点
水泥条（长方体）测长法	可连续测定硬化体膨胀	无法测定塑性体膨胀和硬化体早期膨胀
水泥块（正方体）测长法	可连续测定硬化体膨胀	无法测定塑性体膨胀和硬化体早期膨胀
高温高压水泥柱（径向）测长法	可测定高温高压下的径向总膨胀	无法区分塑性体和硬化体膨胀
量筒法	可测定水泥浆的塑性体膨胀	操作误差大，不能测定硬化体的膨胀
比长仪法	可连续测定硬化体膨胀	无法在高温高压下进行测量，采用的是建筑行业的统一标准，不适用于水泥石的测量

4.1.2　国内外水泥石体积膨胀率测试方法研究

上述的几种线性膨胀收缩测试方法均在一定程度上实现了对水泥膨胀变化量的测量评价，但这些方法无法测定塑性体膨胀和硬化体早期膨胀。量筒法可测定水泥浆的塑性体膨胀，但操作误差大，不能测定硬化体的膨胀。

本文对现有的国内外水泥/混凝土体积变化率测试方法进行调研，优选出适合本项目使用的方法并进行比较分析。

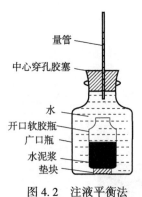

图 4.2 注液平衡法

量管
中心穿孔胶塞
水
开口软胶瓶
广口瓶
水泥浆
垫块

（1）高温高压注液平衡法。

将水泥浆放入密闭容器中，并在凝固过程中保持压力恒定。实验中若压力改变则通过注入或排出容器内的液体以维持恒压。以液体的交换量和其物理性质计算水泥浆体的收缩或膨胀量（图 4.2）。

优点：可连续测定高温高压下的总膨胀量。缺点：测出值总是负值，与实际情况不符。

（2）塑料袋法。

将水泥浆置于塑料袋中，将应变规探头和温度计埋入水泥浆中，根据温度和应变规的读数确定水泥浆体膨胀情况。

优点：可测定水泥浆的塑性体膨胀。缺点：硬化体膨胀测定误差大。

（3）橡皮胶套毛细管法。

将水泥浆灌入橡皮胶套中，置于装有毛细管的密闭容器内。水泥浆体积变化由毛细管读数反映。

优点：可连续测定水泥浆硬化体膨胀。缺点：测出值为负值，与实际不符。

（4）常压膨胀仪法。

将水泥浆置于规定的水浴中养护。用比长仪测定水泥浆的线膨胀，然后换算成体膨胀。

优点：可反映塑性体膨胀及硬化体膨胀，测量精度高。缺点：不能模拟高温高压下的膨胀情况。

（5）孔隙压力法。

将水泥浆置于高温高压养护釜中恒温恒压，根据温度和压力的变化来反映水泥浆体积的变化，同时可计算水泥浆孔隙压力的变化。

优点：可反映水泥浆塑性体及硬化体的膨胀。缺点：只能测定相对膨胀值。

（6）高温高压体积膨胀测定仪法。

采用特制的高温高压膨胀仪，将水泥浆置于高温高压环境中，水泥浆上置活塞，活塞移动时将产生扭矩，在表盘上直接得出膨胀值。

优点：可同时精确测定塑性体及硬化体膨胀。缺点：实验仪器及测试费用昂贵。

将各类方法归纳总结，分析其优缺点，见表 4.2。

表 4.2 各类体积膨胀收缩测试方法优缺点对比

方法名称	优 点	缺 点
高温高压注液平衡法	可连续测定高温高压下的总膨胀量	测出值总是负值，与实际情况不符
塑料袋法	可测定水泥浆的塑性体膨胀	硬化体膨胀测定误差大
橡皮胶套毛细管法	可连续测定水泥浆硬化体膨胀	测出值为负值，与实际不符
孔隙压力法	可反映水泥浆塑性体及硬化体的膨胀	只能测定相对膨胀值
高温高压体积膨胀测定仪法	可同时精确测定塑性体及硬化体膨胀	实验仪器及测试费用昂贵

经过调研发现许多水泥石体积膨胀收缩测试效果都不十分理想，无法模拟水泥浆在井下所处的环境，尤其是压力和温度渐变的环境，所以无法在整个试验周期内连续测定试验条件下水泥塑性体和硬化体体积随时间变化的变化量，不能满足深入研究的需求。

目前的水泥石的体积稳定性评价方法主要分为水泥浆线性膨胀测定和水泥浆体膨胀测定。线膨胀法仅能测量硬化体的膨胀，不能测量塑性体的膨胀和硬化体的早期膨胀，测量结果差异较大；体膨胀法仅能测量塑性体的膨胀，且只能测量膨胀相对值，重复性低。常温常压下水泥石体积稳定性的测试方法主要采用比长仪法，参照建筑行业标准(JC313)，无法模拟井下环境进行测试；高温高压下水泥石体积稳定性的测试方法，国外主要依靠千德乐设备(国内设备还处于模仿国外设备的阶段)，但其主要测试固井水泥轴向上的线性膨胀收缩变化，不能测量径向的体积变化(实际上，径向体积变化更能客观真实反映井下水泥环的实际状况)。现有的水泥体积评价方法的测试效果都不是很理想，无法在整个实验周期内连续测定实验条件下水泥塑性体和硬化体体积随时间产生的变化量，满足不了深入研究的需求。

4.2　水泥石径向稳定性评价方法

通过前一节的国内外水泥石体积稳定性评价方法的调研及评价方法对比，发现固井水泥石体积稳定性的评价方法在国内外缺乏统一的标准或方法，而且现在有的评价方法无法真实地反映井下实际工况，本节主要建立模拟井下实际工况条件下的水泥石径向稳定性评价方法。

在大量资料调研和前期探索的基础上，形成了一套"水泥石体积稳定性评价方法"。

实验依据 SY/T 5546—1992《油井水泥应用性能试验方法》、GB 10238—2005《油井水泥》、GB/T 19139—2012《油井水泥试验方法》、API RP 10B《油井水泥试验推荐做法》等的相应规定，按照固井水泥浆配方进行固井水泥浆配制。出浆后导入模具中，制试样，在不同温度压力条件下养护，然后测试其体积稳定性特性。

4.2.1　取样

4.2.1.1　取样器

袋装油井水泥用如图 4.3 所示取样器取样。取样时确保排气孔排出取样管内空气。

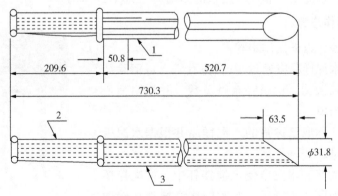

图 4.3　袋装水泥取样器(mm)

1—排气孔；2—木柄；3—黄铜管

图 4.4　散装水泥取样器

散装油井水泥用如图 4.4 所示的取样器，它由两根抛光的黄铜管组成，内管和外管制有扁形进样孔，通过转动内管可打开或关闭进样孔，外管有一尖头，便于插入取样。取样器的长度应与取样体积相适应。

4.2.1.2　取样方法

油井水泥每 400t 为一个编号，每一个编号为一个取样单位，对于袋装水泥，每间隔 50 袋为一个取样点，取样时，将袋装水泥取样器通过水泥袋底部取样口，插入水泥袋中心部位，然后用拇指压住排气孔，慢慢将样品取出，立即置于带有双层塑料食品袋的金属样品桶中，注意每个取样点应采取等量样品，样品总量不少于 20kg。对于散装水泥，当被取样品深度不超过 2.1m 时，使用图 4.4 所示的取样器，通过转动内管，打开或关闭进样孔进行取样。对于水泥深度大于 2.1m 处，可采用在适宜位置装有一气动开口装置的取样管，从水泥的不同分布点及其不同深度处取得具有代表性的水泥样品，样品总量不少于 20kg。

如为水泥浆大样则通过现场进行取样，一般固井分缓凝灰和快干灰两种，取样时分别在不同罐不同部位取灰，然后进行手动混合。取水样首先进行循环，然后在不同点取样混合。

4.2.1.3　样品制备与保管

将所采取的样品，充分拌匀，分成二等份，一份用于检验，应该注意，检验样品应于试验前 8h 送入实验室，以保持与实验室相同的温度，另一份放入样品袋中，作为留样，密封保存三个月，以备有疑问时，及时复核。

4.2.2　水泥浆的制备

水泥浆制备是进行水泥性能检测的基础，下面阐述水泥浆制备过程中所用仪器及对试验样品的要求及水泥浆的制备方法。

4.2.2.1　对试样的要求

试验用水必须使用新鲜的蒸馏水或基本上不含有二氧化碳的蒸馏水，可用玻璃量筒量取或用天平称量。水泥试样和试验用水的温度为 22.8℃±1.1℃。

4.2.2.2　操作步骤

水泥浆的制备分以下操作步骤：

（1）过筛：水泥样品应通过 20 目方孔筛，以清除结块和杂质。称量筛余物，记录筛余百分数，并注明筛余物的特征，然后扔掉。

（2）按要求，称取已过筛的水泥样品并根据水泥级别量取对应的水量。

（3）将量好的拌和水完全倒入搅拌杯中，将搅拌杯放在搅拌器上，如图 4.5 所示，此时应注意搅拌杯转动轴与搅拌器转动轴啮合，打开电源开关，按下搅拌器的"低速"（4000r/min±200r/min）按钮，然后按下启动按钮，

图 4.5　恒速搅拌器

在 15s 内将水泥样品徐徐倒入搅拌杯，并立即盖上杯盖，以防水泥浆溅出，再按下"高速"（12000r/min±500r/min）按钮，搅拌 35s，水泥浆制备完毕。

4.2.2.3 注意事项

需注意以下两点：

（1）称取水泥样品和量取拌和水时要准确。

（2）往搅拌杯内倒水或水泥样品时，不要洒在外边，以免影响试验结果。

4.2.3 实验过程

4.2.3.1 水泥石膨胀收缩特性评价模具养护制样

（1）线性膨胀收缩养护模具。

使用 25mm×25mm×280mm 的模具，按照操作规范 JC313《膨胀水泥膨胀率试验方法》对水泥石进行养护。

（2）体积膨胀收缩养护模具。

使用仪器特制的养护釜，在设定的高温高压下对水泥石进行养护，模具图片如图 4.6 所示。

图 4.6　水泥收缩/膨胀分析仪养护釜

4.2.3.2 水泥石养护时间及温度压力的确定

比长仪法的养护主要是在水浴养护箱中进行，因此，养护环境主要是常压下，温度不超过 100℃。根据前期实验过程中得到水泥石的膨胀收缩变化主要是在 3d 过程中发生，因此养护测试时间定为 3d。

经改造后的水泥收缩/膨胀分析仪法的养护为特制的养护釜，连接有温度、压力传感器，可以实现高温高压环境下的养护，而目前川渝地区油气井的井底温度可以达到 150℃以上。为了保护人员及设备的安全，压力控制在 40MPa 以内，养护测试时间定为 1d。

4.2.3.3 测试数据的读取

比长仪法没有数据传输系统，主要采用人工计量，当水泥浆在养护模具中成型后，每隔一天进行测量一次。

水泥收缩/膨胀分析仪法拥有数据传输系统，每隔 30s 进行数据记录一次，能保证随时监测到水泥石的膨胀收缩量，测试系统如图 4.7 所示。

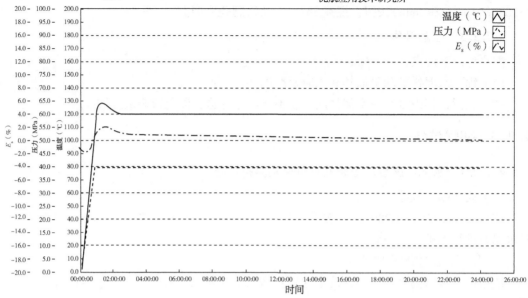

图 4.7　数据采集系统

4.2.4　评价方法

（1）外加剂种类优选：

① 选定试验条件，按规定操作仪器。

② 做水泥浆基浆的测试试验；得到一张测试报告，包括测试数据及曲线。

③ 在水泥基浆内加入一定量的外加剂，混合处理后，按上述方法进行测试，得到测试结果。

④ 根据需要在水泥浆基浆内分别加入等量的第二种、第三种外加剂，按上述方法依次进行测试，得到各自的测试结果。

⑤ 按相同时间段的测试数据或测试曲线变化趋势，比较测试结果。一般认为，抑制水泥浆收缩性能较好(即测试样品的收缩变化量较小)的外加剂效果为优。

（2）外加剂加量优选：

① 选定试验条件，按规定操作仪器。

② 做水泥净浆的测试试验，得到测试结果。

③ 在水泥净浆内加入一定比例的外加剂，按规定方法进行测试试验，得到测试结果。

④ 根据需要，在水泥净浆内分别加入不同比例的同一种外加剂，按规定方法依次进行试验，得到各自的试验结果。

⑤ 按相同的时间段的测试数据或测试曲线的变化趋势，比较测试结果。一般认为，抑制水泥浆收缩性能较好的加量比例为最佳配比。

（3）固井水泥浆配方的评价：

① 按需要选定试验条件，按规定操作仪器。

② 按规定方法进行水泥浆配方的试验测试，得到测试结果。

③ 依据测试结果，一般认为，测试膨胀量变化比较小，测试曲线在零点附近，表明

固井水泥浆在整个凝固过程中，很少产生膨胀或收缩，施工效果最好，可以作为保证固井质量的科学依据。

④ 如果需要，可以进行其他固井水泥浆配方或水泥基浆的测试试验，通过对测试结果的分析，评价不同方案的优劣。

4.2.5　注意事项

（1）进行各项试验时，选取相同的仪器试验条件，避免由于试验条件差异产生的测试结果不同，使测试结果不易分析比较。

（2）对于水泥浆的预处理，每次试验尽量采用一致的处理方法，以便于测试结果的对比。

（3）水泥浆样品的加注、定量，要认真、精细操作，做到尽量准确，防止由此产生的测试误差。

（4）试验过程中，注意监控温度、压力及仪器工作状态，出现问题即时处理，保证试验工作正常进行。

4.3　川渝地区在用水泥体系体积稳定性评价

4.3.1　不同水泥体系轴向体积稳定性评价

利用提出的固井水泥石线性膨胀率的测试方法及体积稳定性的测试方法，提出评价实验方案，并对韧性防窜、大温差柔性、自愈合三种不同的水泥浆体系进行了线性膨胀及轴向体积稳定性的性能分析，得到不同条件下水泥石的收缩/膨胀变化规律，为以后水泥环在井下不同环境下的防气窜奠定基础。拟定的实验方案如下。

4.3.1.1　实验评价方案

（1）不同的水泥浆体系线性膨胀测试。

采用比长仪法进行设计实验见表4.3。

表4.3　不同水泥浆体系不同温度下线性膨胀收缩实验

水泥浆体系	压力（MPa）	时间（d）	温度（℃）
韧性防窜			
大温差柔性	常压	3	95、70、50
自愈合			

（2）不同的水泥浆体系轴向体积稳定性测试。

采用水泥收缩/膨胀分析仪进行设计实验见表4.4和表4.5。

表4.4　不同水泥浆体系不同温度下轴向体积稳定性实验

水泥浆体系	压力（MPa）	时间（d）	温度（℃）
韧性防窜			
大温差柔性	21	3	150、120、95
自愈合			

表 4.5　不同水泥浆体系不同压力下轴向体积稳定性实验

水泥浆体系	温度(℃)	时间(d)	压力(MPa)
韧性防窜			
大温差柔性	95	3	10、21、40
自愈合			

4.3.1.2　不同水泥体系线性膨胀率测试

采用比长仪法测试水泥石线性膨胀率，水泥浆养护方式采用高温动态养护，即水泥浆配浆后装入高温高压稠化仪，按稠化试验进入恒温段，恒温 20~30min 后降至 90℃ 以下，拆出稠化仪浆杯，去油处理，然后制模(图 4.1)，放入养护温度养护至龄期。

（1）韧性防窜水泥浆体系。

本次实验采用的韧性防窜的水泥浆体系来自于 SY001-1 井 177.8mm+193.08mm 尾管悬挂固井的现场大样灰及大样水。该体系性能见表 4.6。水泥浆稠化曲线如图 4.8 所示。

表 4.6　韧性防窜水泥浆性能

项　目	结　果	项　目		结　果
水灰比	0.41	稠化时间 (129℃×78MPa×60min)	初稠(BC)	21.6
密度(g/cm³)	1.92		40BC 时间(min)	361
游离液(mL)	0		100BC 时间(min)	362
流动度(cm)	22			

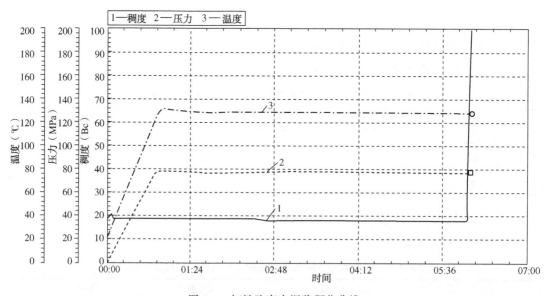

图 4.8　韧性防窜水泥浆稠化曲线

按照表 4.6 设计实验，采用比长仪法进行线性膨胀收缩测试，结果如表 4.7 所示。将不同温度下的水泥浆线性膨胀收缩量随着时间的变化关系曲线图如图 4.9 所示。

表 4.7 不同温度下的韧性防窜水泥浆膨胀收缩量

测试温度	样品	24h	48h	72h	96h	120h
95℃	1	未凝	−5.645%	−5.638%	−5.728%	−5.732%
	2	未凝	−5.510%	−5.509%	−5.541%	−5.568%
	3	未凝	−5.706%	−5.684%	−5.736%	−5.734%
	平均	—	−5.620%	−5.610%	−5.668%	−5.678%
70℃	1	未凝	−5.344%	−5.397%	−5.408%	−5.421%
	2	未凝	−6.211%	−6.257%	−6.252%	−6.296%
	3	未凝	−5.394%	−5.415%	−5.416%	−5.411%
	平均	—	−5.650%	−5.690%	−5.692%	−5.709%
50℃	1	未凝	−5.516%	−5.523%	−5.523%	−5.540%
	2	未凝	−5.121%	−5.190%	−5.198%	−5.263%
	3	未凝	−6.610%	−6.616%	−6.600%	−6.622%
	平均	—	−5.749%	−5.776%	−5.774%	−5.808%

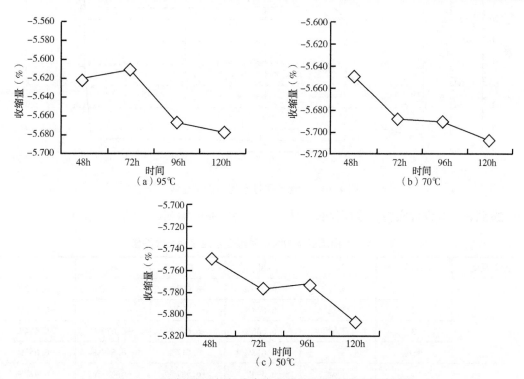

图 4.9 不同温度下韧性防窜水泥线性膨胀收缩时间关系图

由表 4.7 和图 4.9 可以看出：

① 不同的温度下，水泥石的膨胀收缩特性主要表现为收缩特性。在 95℃下，72h 后较前期有略微的膨胀，然后再发生收缩。

② 随着时间的变化，水泥石的膨胀收缩特性逐渐减少，趋于稳定，120h 后在 95℃下收缩量达到 −2.27%，70℃下收缩量达到 −2.29%，50℃下收缩量达到 −2.32%。不同的温度下，最后的收缩量不相同，温度的改变，收缩量变化较小。

（2）大温差柔性水泥浆体系。

本次实验采用的大温差柔性水泥浆体系来自于 SY001-1 井 127mm 尾管悬挂固井的现场大样灰及大样水。该体系性能见表 4.8。水泥浆稠化曲线如图 4.10 所示。

表 4.8　大温差柔性水泥浆性能

项目	结果	项目		结果
液固比	0.44		初稠（BC）	8.5
密度（g/cm³）	1.90	稠化时间	40BC 时间（min）	255
游离液（mL）	0	（130℃×80MPa×75min）	100BC 时间（min）	256
流动度（cm）	22			

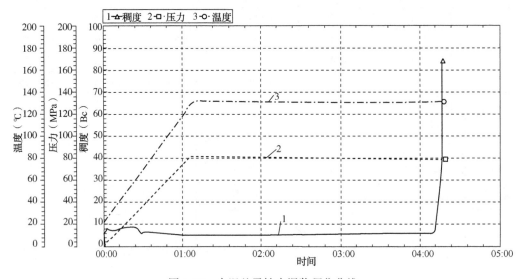

图 4.10　大温差柔性水泥浆稠化曲线

按照表 4.8 设计实验，采用比长仪法进行线性膨胀收缩测试，结果见表 4.9。

表 4.9　不同温度下的大温差柔性水泥浆膨胀收缩量

测试温度	样品	24h	48h	72h	96h	120h
95℃	1	未凝	-6.690%	-6.698%	-6.731%	-6.732%
	2	未凝	-6.528%	-6.529%	-6.541%	-6.548%
	3	未凝	-6.636%	-6.624%	-6.676%	-6.684%
	平均	—	-6.618%	-6.617%	-6.649%	-6.655%
70℃	1	未凝	-6.344%	-6.387%	-6.407%	-6.422%
	2	未凝	-6.811%	-6.851%	-6.853%	-6.897%
	3	未凝	-6.394%	-6.405%	-6.416%	-6.411%
	平均	—	-6.516%	-6.548%	-6.559%	-6.577%
50℃	1	未凝	-6.517%	-6.520%	-6.523%	-6.540%
	2	未凝	-6.120%	-6.194%	-6.198%	-6.263%
	3	未凝	-6.859%	-6.864%	-6.860%	-6.872%
	平均	—	-6.499%	-6.526%	-6.527%	-6.558%

将不同温度下的水泥浆线性膨胀收缩量随着时间的变化关系曲线图如图 4.11 所示。

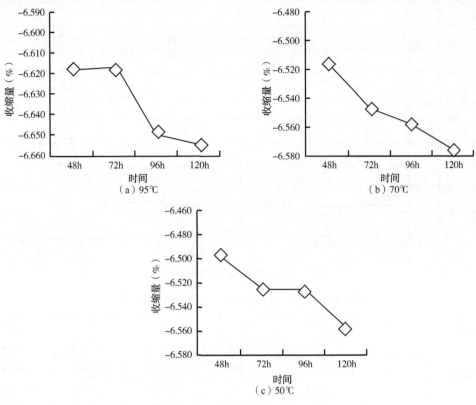

图 4.11 不同温度下大温差柔性水泥线性膨胀收缩时间关系图

由表 4.9 和图 4.11 可以看出：

① 不同的温度下，水泥石的膨胀收缩特性主要表现为收缩特性。在 95℃下，72h 后较前期有略微的膨胀，然后再发生收缩。

② 随着时间的变化，水泥石的膨胀收缩特性逐渐减少，趋于稳定，144h 后在 95℃下收缩量达到-2.66%，70℃下收缩量达到-2.63%，50℃下收缩量达到-2.62%。不同的温度下，最后的收缩量不相同，温度的改变，收缩量变化较小。

（3）自愈合水泥浆体系。

本次实验采用的自愈合水泥浆体系来自于 LT1 井 168.3mm 尾管悬挂固井的现场大样灰及大样水。该体系性能见表 4.10。

表 4.10 自愈合水泥浆性能

项　　目	现场复核	项　　目		现场复核
液固比	0.272	失水（mL/7MPa.30min）		48
密度（g/cm³）	2.4	稠化时间 （100℃×60MPa×60min）	初稠（BC）	13.3
游离液（mL）	0		40BC 时间（min）	192
流动度（cm）	22		100BC 时间（min）	197

按照表 4.10 设计实验，采用比长仪法进行线性膨胀收缩测试，结果见表 4.11。

将不同温度下的水泥浆线性膨胀收缩量随着时间的变化关系曲线图如图 4.12 所示。

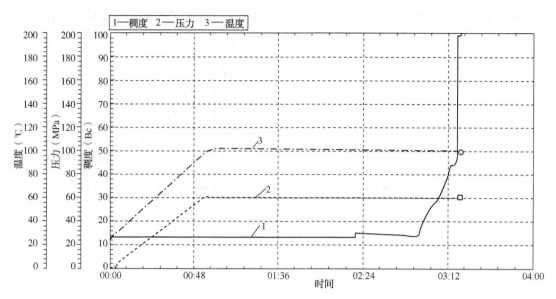

图 4.12　自愈合水泥浆稠化曲线

表 4.11　不同温度下的自愈合水泥浆膨胀收缩量

测试温度	样品	24h	48h	72h	96h	120h
95℃	1	未凝	−6.145%	−6.138%	−6.128%	−6.134%
	2	未凝	−6.010%	−6.009%	−6.041%	−6.068%
	3	未凝	−6.106%	−6.184%	−6.136%	−6.134%
	平均	—	−6.087%	−6.110%	−6.102%	−6.112%
70℃	1	未凝	−6.104%	−6.094%	−6.108%	−6.121%
	2	未凝	−6.151%	−6.157%	−6.152%	−6.146%
	3	未凝	−6.224%	−6.205%	−6.216%	−6.220%
	平均	—	−6.160%	−6.152%	−6.159%	−6.162%
50℃	1	未凝	−6.216%	−6.223%	−6.223%	−6.240%
	2	未凝	−6.121%	−6.190%	−6.198%	−6.203%
	3	未凝	−6.210%	−6.216%	−6.200%	−6.204%
	平均	—	−6.182%	−6.210%	−6.207%	−6.216%

由表 4.11 和图 4.13 可以看出：

① 不同的温度下，水泥石的膨胀收缩特性主要表现为收缩特性。在 70℃下，72h 后较前期有略微的膨胀，然后再发生收缩。

② 随着时间的变化，水泥石的膨胀收缩特性逐渐减少，趋于稳定，144h 后在 95℃下收缩量达到−2.44%，70℃下收缩量达到−2.46%，50℃下收缩量达到−2.48%。不同的温度下，最后的收缩量不相同，温度的改变，收缩量变化较小。

4.3.1.3　不同水泥体系轴向体积稳定性测试

采用水泥体积收缩/膨胀分析仪对不同的水泥浆体系进行轴向体积稳定性测试。按照第二章所述进行的仪器实验操作方法将浆体配好后装入设备进行实验。

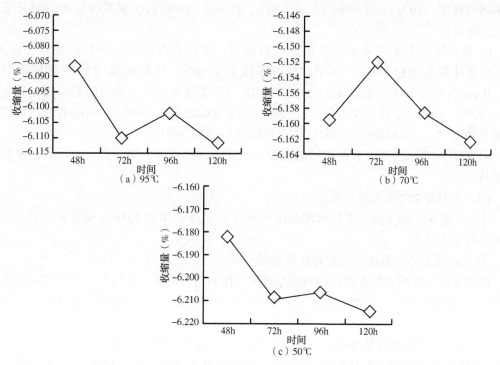

图 4.13　不同温度下自愈合水泥线性膨胀收缩时间关系图

（1）纯水泥。

将纯水泥与水按照水泥浆密度设为 1.90g/cm³ 来进行配浆，后装入水泥体积收缩/膨胀分析仪中，通过数据采集系统进行采集，可以得出：

① 纯水泥在升温升压结束后，水泥石的膨胀收缩特性表现为收缩；

② 纯水泥的膨胀收缩量在 36h 后趋于稳定，可以达到-4.79%。

（2）韧性防窜水泥浆体系。

本次实验同样采用的韧性防窜的水泥浆体系来自于 SY001-1 井 177.8mm+193.08mm 尾管悬挂固井的现场大样灰及大样水。

① 水泥浆在不同温度下轴向体积稳定性测试。

同样按照与线性膨胀率测试的水泥浆相同的配方进行配浆，然后装入设备按实验方案在不同的温度（150℃、120℃、95℃），相同的压力（21MPa），相同的时间（3d）下进行实验，得出：

a）韧性防窜水泥浆体系在升温升压结束后，水泥石的膨胀收缩特性表现为收缩，150℃下体积变化量从-1.90%在 2h 后膨胀至 3.88%，然后随着时间延长收缩至-0.74%；120℃下体积变化量从-3.05%在 1h 后膨胀至 0.66%，然后随着时间延长收缩至-3.63%；95℃下体积变化量从-0.41%在 1h30min 后膨胀至 2.06%，然后随着时间延长收缩至-1.40%，不同的温度下最大的变化量可以达到 4.62%。

b）韧性防窜水泥浆体系在升温升压过程中，水泥在凝固的过程中表现为一定量的膨胀，在 150℃下可以达到 5.78%。

② 水泥浆在不同压力下轴向体积稳定性测试。

同样按照与线性膨胀率测试的水泥浆相同的配方进行配浆，然后装入设备按实验方案

在相同的温度(120℃),不同的压力(40MPa、21MPa、10MPa),相同的时间(3d)下进行实验,得出:

a)韧性防窜水泥浆体系在升温升压结束后,水泥石的膨胀收缩特性表现为收缩,40MPa下体积变化量从-1.24%在1h后膨胀至1.90%,然后随着时间的延长收缩至-1.90%;21MPa下体积变化量从-3.05%在1h后膨胀至0.66%,然后随着时间延长收缩至-3.63%;10MPa下体积变化量从-3.88%在1h后膨胀至1.07%,然后随着时间的延长收缩至-3.88%,不同的压力下最大的变化量可以达到4.95%。

b)韧性防窜水泥浆体系在相同的温度、时间下,随着压力的增加,水泥石的膨胀收缩量越大。

(3)大温差柔性水泥浆体系。

本次实验采用的大温差柔性水泥浆体系来自于SY001-1井127mm尾管悬挂固井的现场大样灰及大样水。

① 水泥浆在不同温度下轴向体积稳定性测试。

同样按照与线性膨胀率测试的水泥浆相同的配方进行配浆,然后装入设备按实验方案在不同的温度(150℃、120℃、95℃),相同的压力(21MPa),相同的时间(3d)下进行实验,得出:

a)大温差柔性水泥浆体系在升温升压结束后,水泥石的膨胀收缩特性表现为收缩,150℃下体积变化量从-2.56%在1h 30min后膨胀至3.46%,然后随着时间延长收缩至-0.74%;120℃下体积变化量从-0.74%在1h 30min后膨胀至2.23%,然后随着时间延长收缩至-1.24%;95℃下体积变化量从-2.15%在1h后膨胀至-0.66%再收缩至-4.21%,不同的温度下最大的变化量可以达到4.20%。

b)大温差柔性水泥浆体系在升温升压过程中,水泥在凝固的过程中表现为一定量的膨胀,最大可以达到6.02%。

② 水泥浆在不同压力下轴向体积稳定性测试。

同样按照与线性膨胀率测试的水泥浆相同的配方进行配浆,然后装入设备按实验方案在相同的温度(95℃),不同的压力(40MPa、21MPa、10MPa),相同的时间(3d)下进行实验,得出:

a)大温差柔性水泥浆体系在升温升压结束后,水泥石的膨胀收缩特性表现为收缩,40MPa下体积变化量从0开始随着时间的延长收缩至-3.63%;21MPa下体积变化量从-2.15%在1h后膨胀至-0.66%再收缩至-4.21%;10MPa下体积变化量从-0.33%在1h30min后膨胀至1.57%,然后随着时间的延长收缩至-0.49%,不同的压力下最大的变化量可以达到3.63%。

b)大温差柔性水泥浆体系在相同的温度、时间下,随着压力的增加,水泥石的膨胀收缩量越大。

(4)自愈合水泥浆体系。

本次实验采用的自愈合水泥浆体系来自于LT1井168.3mm尾管悬挂固井的现场大样灰及大样水。

① 水泥浆在不同温度下轴向体积稳定性测试。

同样按照与线性膨胀率测试的水泥浆相同的配方进行配浆,然后装入设备按实验方案在不同的温度(150℃、120℃、95℃),相同的压力(21MPa),相同的时间(3d)下进行实验，得出：

a）自愈合水泥浆体系在升温升压结束后，水泥石的膨胀收缩特性表现为收缩，150℃下体积变化量从 0 在 1h30min 后膨胀至 4.78%，然后随着时间延长收缩至 1.90%；120℃下体积变化量从-0.91%在 1h30min 后膨胀至 1.73%，然后随着时间延长收缩至-0.74%；95℃下体积变化量从 0 随着时间收缩至-2.14%，不同的温度下最大的变化量可以达到 2.88%。

b）自愈合水泥浆体系在升温升压过程中，水泥在凝固的过程中表现为一定量的膨胀，最大可以达到 4.78%；随着温度的升高，变化量增大。

② 水泥浆在不同压力下轴向体积稳定性测试。

同样按照与线性膨胀率测试的水泥浆相同的配方进行配浆，然后装入设备按实验方案在相同的温度(95℃)，不同的压力(40MPa、21MPa、10MPa)，相同的时间(3d)下进行实验，得出：

a）自愈合水泥浆体系在升温升压结束后，水泥石的膨胀收缩特性表现为收缩，40MPa下体积变化量从-1.4%在 1h 30min 后膨胀至-0.33%，然后随着时间的延长收缩至-2.56%；21MPa 下体积变化量从-0.91%在 1h 30min 后膨胀至 1.73%，然后随着时间延长收缩至-0.74%；10MPa 下体积变化量从-0.33%在 1h 30min 后膨胀至 1.57%，然后随着时间的延长收缩至-0.49%，不同的压力下最大的变化量可以达到 2.47%。

b）自愈合水泥浆体系在相同的温度、时间下，在 21MPa 下的膨胀收缩量最大。

4.3.1.4 不同水泥体系轴向体积稳定性对比分析

将三种不同的水泥浆体系的体积膨胀收缩特性曲线进行对比分析，分别统计三种不同的水泥浆体系从装入设备开始至实验结束的体积变化记为 V_1，随着不同的温度、压力变化，体积的变化统计见表 4.12 和表 4.13。

表 4.12　不同温度下的不同水泥浆体系体积变化量 V_1　　　　　　　（%）

水泥浆体系	150℃	120℃	95℃
韧性防窜	1.14	-0.58	-0.99
大温差柔性	1.82	-0.50	-3.46
自愈合	1.90	0.17	-2.14

表 4.13　不同压力下的不同水泥浆体系体积变化量 V_1　　　　　　　（%）

水泥浆体系	40MPa	21MPa	10MPa
韧性防窜	-0.66	-0.58	0
大温差柔性	-3.36	-2.06	0.82
自愈合	-1.16	0.17	-0.16

将不同的水泥浆体系的 V_1 在不同的温度下的变化量做成曲线如图 4.14 所示。

将不同的水泥浆体系的 V_1 在不同的压力下的变化量做成曲线如图 4.15 所示。

由图 4.14 和图 4.15 可知：

（1）随着温度的增加，三种不同的水泥浆体系总的趋势都是从收缩转变为膨胀，总的体积变化量 V_1 的波动范围代表体系的体积稳定性，三种水泥浆体系稳定性为：韧性防窜>自愈合>大温差柔性。

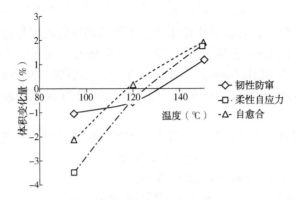

图 4.14 三种不同的水泥浆体系在不同温度下 V_1 的变化曲线

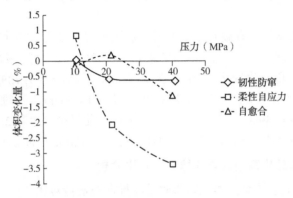

图 4.15 三种不同的水泥浆体系在不同压力下 V_1 的变化曲线

（2）随着压力的增加，三种不同的水泥浆体系表现为收缩趋势，韧性防窜的变化范围最小，大温差柔性呈现间断变化，大温差柔性的变化量的范围最大，说明压力对其体系的膨胀收缩特性影响较大。

4.3.2 不同水泥体系径向体积稳定性评价

本节利用形成的评价方法提出评价实验方案，并对纯水泥、韧性微膨胀、柔性自应力不同的水泥浆体系进行了径向体积稳定性的性能分析，得到不同条件下水泥石的径向体积稳定性变化规律，为模拟水泥环在井下实际工况条件下的体积变化提供实验数据。

首先，针对现有的实验条件及水泥浆体系，制定了后续进行实验的评价方案。

4.3.2.1 实验评价方案

（1）水泥体系的工程性能评价。

首先，按 GB/T 19139—2012《油井水泥试验方法》、API RP 10B《油井水泥试验推荐做法》等的相应规定。主要评价川庆井下柔性自应力水泥、中石油工程技术研究院韧性微膨胀水泥两种水泥体系。

（2）水泥石径向体积稳定性性能评价。

① 水泥试样。

水泥样取川庆井下柔性自应力水泥、中国石油工程技术研究院韧性微膨胀水泥两种水泥体系。保证两种配出的水泥试样密度一致。

② 不同温度对固井水泥石体积稳定性性能的影响。

2 种水泥浆体系(川庆井下柔性自应力水泥、中国石油工程技术研究院韧性微膨胀水泥)×20MPa×3 种测试温度(95℃、120℃、150℃)×48h 实验,如若未发现微膨胀点则需要继续升高温度进行实验,可取(160℃、180℃)进行实验;如还未发现微膨胀点,则需添加各家的膨胀添加剂加量,重新进行实验。

小计:至少 6 个试验样。

③ 不同压力对固井水泥石体积稳定性性能的影响。

2 种水泥浆体系(川庆井下柔性自应力水泥、中国石油工程技术研究院韧性微膨胀水泥)×95℃×3 种测试压力(10MPa、20MPa、40MPa)×48h 实验,如若未发现微膨胀点则需要继续降低压力进行实验,可取(无压力、5MPa)进行实验;如还未发现微膨胀点,则需添加各家的膨胀添加剂加量,重新进行实验。

小计:至少 6 个试验样。

④ 纯水泥试样的对比实验。

使用纯水泥在 95℃×20MPa×48h 进行实验得出的膨胀收缩量,与 2 种不同的水泥浆体系(川庆井下柔性自应力水泥、中国石油工程技术研究院韧性微膨胀水泥)在相同的条件下进行实验,比较两者的膨胀收缩量。

小计:3 个试验样。

⑤ 水泥轴向与径向的对比实验。

在不同压力下得出的微膨胀点对应的温度点条件下,进行两种不同的水泥浆体系的轴向和径向对比实验。

小计:至少 4 个试验样。

⑥ 实际井况下体积稳定性的性能对比。

针对川西区块和高磨区块,根据温度梯度和压力梯度得出的曲线,在上面取值进行验证性实验,寻找在实际井况下的微膨胀点。

小计:至少 6 个试验样。

4.3.2.2 同一样品进行重复性实验

本次实验同样采用的水泥浆体系来自于 ST12 井 139.7mm 尾管固井的现场大样灰及大样水,水泥浆密度为 2.20g/cm³,在 120℃、21MPa 下进行实验,结果表明:对同一个样品在同一个条件下,最大误差为 0.46%,重复性较好。

4.3.2.3 不同水泥浆体系在不同温度下的体积稳定性测试

(1)纯水泥在不同温度下的测试。

本次实验同样采用的水泥浆体系来自于嘉华 G 级水泥及实验室自来水。

按照相同的水泥浆配方进行配浆,然后装入设备,按实验方案在不同的温度(150℃、120℃、95℃),相同的压力(21MPa),相同的时间(2d)下进行实验,结果表明:

① 纯水泥浆体系在升温升压结束后,水泥石的体积稳定性特性表现为收缩,150℃下体积变化量收缩至-4.90%;120℃下体积变化量收缩至-3.87%;95℃下体积变化量收缩至-3.24%;

② 纯水泥浆体系在不同的温度下随着温度的增加,体积变化量减小。

(2)柔性自应力水泥浆在不同温度下的测试。

本次实验同样采用的水泥浆体系来自于 ST12 井 139.7mm 套管固井水泥浆现场大样灰

及大样水，水泥浆密度为2.20g/cm³。

按照相同的水泥浆配方进行配浆，然后装入设备按实验方案在不同的温度(150℃、120℃、95℃)，相同的压力(21MPa)，相同的时间(2d)下进行实验，可以得出：

① 柔性自应力水泥浆体系在升温升压结束后，水泥石的体积稳定性特性表现为膨胀，150℃下体积变化量膨胀至0.49%；120℃下体积变化量膨胀至0.08%；95℃下体积变化量膨胀至1.67%。

② 采用形成的水泥石体积稳定性评价方法进行不同温度下的测试最终都发生了一定的膨胀，最终形成的微膨胀有利于固井水泥环间封固。

（3）韧性防窜水泥浆在不同温度下的测试。

本次实验同样采用的水泥浆体系来自于N209H20-4井139.7mm套管固井水泥浆现场大样灰及大样水，水泥浆密度为2.20g/cm³。

按照相同的水泥浆配方进行配浆，然后装入设备按实验方案在不同的温度(150℃、120℃、95℃)，相同的压力(21MPa)，相同的时间(2d)下进行实验，结果得出：

① 韧性防窜水泥浆体系在升温升压结束后，水泥石的体积稳定性特性表现为膨胀，150℃下体积变化量膨胀至-1.41%；120℃下体积变化量膨胀至-0.80%；95℃下体积变化量膨胀至-1.94%。

② 随着温度的增加，韧性防窜体系在不同温度下均出现先膨胀后收缩的趋势，且规律性不强，分析可能原因是韧性防窜外掺料对温度要求较高。

4.3.2.4 不同温度相同压力条件下水泥体系的体积稳定性评价

将三种不同的水泥浆体系的体积稳定性特性曲线进行对比分析，分别统计三种不同的水泥浆体系从装入设备开始至实验结束的体积变化量记为V(V为正表示膨胀，V为负表示收缩)，随着不同的温度、压力变化，体积的变化统计见表4.14。

表4.14 不同温度下的不同水泥浆体系体积变化量V （%）

水泥浆体系	150℃	120℃	95℃
纯水泥	-3.24	-3.87	-4.90
柔性自应力	0.49	0.08	1.67
韧性防窜	-1.41	-0.80	-1.94

将不同的水泥浆体系的V在不同的温度下的变化量做成曲线如图4.16所示。

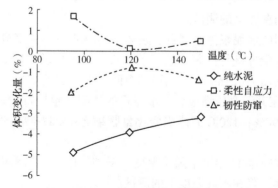

图4.16 三种不同的水泥浆体系在不同温度下V的变化曲线

由表 4.14 和图 4.16 可知:

(1) 随着温度的增加,纯水泥体积变化量呈现逐渐减小的过程,柔性自应力和韧性防窜水泥在不同的温度规律性不强。

(2) 从体积稳定性变化的绝对值来看,柔性自应力水泥与韧性防窜水泥都较纯水泥小,说明两种水泥浆体系在体积稳定性优于纯水泥。

4.3.2.5 不同压力相同温度条件下三种水泥浆体系的体积稳定性评价

将三种不同的水泥浆体系的体积稳定性特性曲线进行对比分析,分别统计三种不同的水泥浆体系从装入设备开始至实验结束的体积变化量记为 V(V 为正表示膨胀,V 为负表示收缩),随着不同的温度、压力变化,体积的变化统计见表 4.15。

表 4.15   不同压力下的不同水泥浆体系体积变化量 V (%)

水泥浆体系	10MPa	21MPa	40MPa
柔性自应力	−0.09	0.80	0.01
韧性防窜	−1.74	−0.80	−0.78

将不同的水泥浆体系的 V 在不同的温度下的变化量做成曲线如图 4.17 所示。

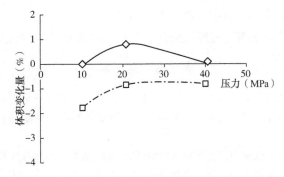

图 4.17   三种不同的水泥浆体系在不同压力下 V 的变化曲线

由图 4.17 和表 4.15 可知:

(1) 随着压力的增加,柔性自应力体系由收缩变为膨胀,韧性防窜体系均为收缩,但收缩量呈现减小的趋势。

(2) 从体积稳定性变化的绝对值来看,韧性防窜体系高于柔性体系。

4.3.2.6 膨胀收缩临界点测试

固井工程对特种水泥体系体积稳定性的要求为在井下高温高压下出现微膨胀特性。特种水泥体系在哪种温度压力下可发生微膨胀,对于不同井段水泥浆设计时体系的选用具有非常重要的意义。因此,非常有必要对特种水泥体系进行膨胀收缩临界点测试。

表 4.16   不同温度下的韧性防窜水泥浆体系体积变化量

温度(℃)	整个过程的体积膨胀量(%)	温度(℃)	整个过程的体积膨胀量(%)
95	−1.94	160	0.70
120	−0.80	170	0.50
150	−1.41	180	2.58

利用数值拟合回归，得到韧性防窜体系体积变化量为 0 的温度点为 157℃。从实验室数据来看，该体系在井底温度超过 157℃ 后才开始发生微膨胀，因此，该体系更适宜于温度较高的下部井段。

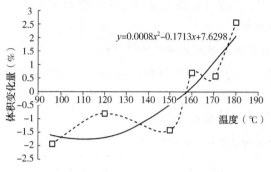

图 4.18　不同温度下韧性防窜水泥浆
体系变化曲线（密度为 2.20g/cm³）

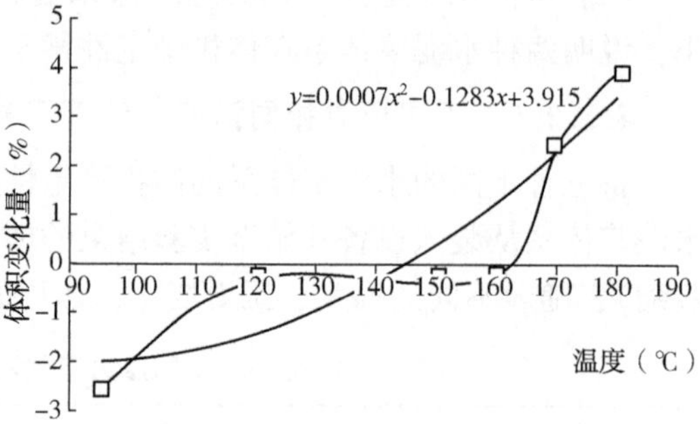

图 4.19　不同温度下柔性自应力水泥浆
体系变化曲线（密度为 2.20g/cm³）

利用数值拟合回归，找出韧性防窜体系体积变化量为 0 的温度点为 144℃。

由图 4-18 和图 4-19 可以得出：

（1）不同水泥浆体系对应的膨胀收缩临界点不同。

（2）同一种水泥浆体系随着密度的升高，其膨胀收缩临界点对应的温度降低。

参 考 文 献

[1] 刘大为，田锡君，廖涧康，译. 现代固井技术[M]. 迁宁：瓦宁科学技术出版社，1994.

[2] 程小伟，刘开强，李早元，等. 油井水泥浆液—固态演变的结构与性能[J]. 石油学报，2016，037（10）：1287-1292.

[3] 董广超. 固井水泥浆体积收缩对环空气窜的影响研究[D]. 成都：西南石油大学，2016.

[4] 梨家英. 固井水泥浆凝结过程中的体积变化研究[D]. 成都：西南石油大学，2013.

[5] Chenevert M E and Shrestha B K. Chemical shrinkage properties of oilfield cements. SPE Drilling Engineering, 1991, 3：37-43.

[6] Reddy B R, Xu Y, Ravi K, et al. Cement Shrinkage Measurement in Oilwell Cementing-A Comparative Study of Laboratory Methods and Procedures[J]. Spe Drilling & Completion, 2009, 24(1)：104-114.

[7] 刘宏梁，代礼杨，徐学军，等. 不收缩微膨胀水泥浆研究[J]. 石油钻采工艺，2005，027（B06）：P.22-25.

[8] 吴叶成，姚晓. 低滤失双膨胀水泥浆体系的室内研究与应用[J]. 石油钻探技术，2005(2)：29-32.

[9] 张跃译. 膨胀水泥浆体系固井实例研究[J]. 东方企业文化，2013(6)：164.

[10] 杨亚馨. 防窜膨胀水泥浆的应用[J]. 科技致富向导，2014(2)：33，42.

[11] 欧红娟，李明，蒙飞，等. 长封固段大温差固井水泥浆技术研究进展[J]. 硅酸盐通报，2017(1).

[12] 姚晓. 油井水泥膨胀剂研究（Ⅰ）—水泥浆体的收缩与危害[J]. 钻井液与完井液，2004(4)：54-57.

第5章 特种浆体体系及配套工艺技术

随着钻井领域逐步深入，钻遇的油气藏类型日益增多，钻井技术进步迅速，加上地下及地面条件的复杂性，固井作业面临着更多的复杂情况和特殊条件，根据其作业特点，选用特定的浆体体系及配套工艺技术能够有效地保障固井质量。本章重点从高效抗污染前置液、韧性微膨胀水泥浆及页岩气柔性自应力水泥浆三个方面出发，研究油气井固井特种浆体体系及其配套工艺技术，着力解决特殊条件下固井质量差的问题，为油气井固井安全、水泥环全生命周期力学完整性、油气藏高效开发提供有力的技术支撑。

5.1 高效抗污染前置液技术

固井过程中为防止水泥浆和钻井液发生接触污染，需要在水泥浆和钻井液之间注入隔离液，有效地隔开钻井液和水泥浆，解决水泥浆和钻井液相容性差、固井顶替效率低、二界面胶结质量差等问题[1-4]。这就需要隔离液在高温下能很好地悬浮加重剂和固相颗粒，同时具有良好的流变性，并与钻井液和水泥浆有良好的化学相容性，提高顶替效率和界面胶结质量。

5.1.1 基于接触污染机理的抗污染前置液设计思路

为了有效地隔开钻井液与水泥浆，或者提供钻井液抗水泥侵能力，防止钻井液与水泥浆接触污染，通过设计高效抗污染前置液，将钻井液与水泥浆有效地封隔开，要求前置液对钻井液要有很好的稀释作用，以便改善其流动性能，易被顶替，同时对水泥浆又有分散和缓凝作用，既产生了紊流顶替，又延长了稠化时间。具体要求如下：

（1）首先有效地隔开钻井液与水泥浆，或者提供钻井液抗水泥侵能力，防止钻井液与水泥浆接触污染[5]。隔离液要与钻井液有很好的相容性，能够稀释钻井液，降低钻井液的黏度和切力，提高对钻井液的顶替效率。能够帮助剥离井壁上的疏软滤饼，提高水泥环与井壁的胶结质量。隔离液要与水泥浆有很好的相容性，不应使水泥浆发生变稠、絮凝、闪凝等现象。

（2）要求隔离液对套管和井壁的黏附力要小，易被水泥浆顶替，保持水泥浆与两个界面胶结牢固。隔离液留在界面上不影响水泥浆的胶结质量；对固相颗粒具有一定的悬浮能力，防止滤饼堆积。

（3）能够控制井下不稳定地层，防止坍塌及达到顶替效果，且应有广泛可调的密度范围。

（4）隔离液一般不返出地面，留在固井环空中。因此，隔离液对套管应不发生腐蚀。隔离液对油气层应不发生或少发生损害[6]。

（5）对于深井固井，隔离液还应具有一定的热稳定性。这也是抗高温隔离液技术的难点。如果稳定性不好，隔离液就会出现分层现象，容易形成环空堵塞，造成注替困难，且不能达到有效隔离、顶替泥浆的效果，对现场施工及固井质量造成不良影响。

在解决这种热稳定性问题上，以往的隔离液主要是采用长链高分子聚合物作为悬浮剂，通过大分子链的紧密搭结形成结构力很强的网状结构，来提高浆体的黏度，来达到悬浮的目的[7]；但是一般的高分子聚合物在120℃左右时，就极易降解断裂，势必造成浆体黏度下降，从而失去了悬浮稳定性。因此，对于180℃高温条件下的隔离液，需研发一种稳定剂及与之配套的接枝共聚物，接枝后的共聚物不但要具备一定的抗高温能力，而且还要兼备良好的抗盐性、悬浮性、流动性以及相容性。

5.1.2 高效抗污染前置液体系研究

5.1.2.1 DRP-1L抗污染剂技术

通过钻井液处理剂对水泥浆的污染情况研究可知，研发出一种既能对钻井液同时又能对水泥浆起到分散作用的处理剂，就可得到很好的分散污染体系，防止污染现象的发生。故从螯合作用、电荷中和作用等角度出发，开发出了隔离液抗污染剂DRP-1L。

（1）抗污染剂DRP-1L对污染体系流变性能的影响见表5.1。

表5.1 抗污染剂DRP-1L对污染体系流变性能的影响

钻井液处理剂	加量	常温流动度（cm）	高温流动度（cm）
生物增黏剂	2%	25	干稠
	0.5%	25	15
生物增黏剂+抗污染剂DRP-1L	2%	27	28
	0.5%	29	30
防塌剂聚丙烯酰胺钾盐KPAM	0.3%	干稠	—
	0.1%	干稠	—
防塌剂聚丙烯酰胺钾盐KPAM+抗污染剂DRP-1L	0.3%	19	23
	0.1%	22	26

由表5.1可知，抗污染剂DRP-1L对钻井液处理剂增稠有抑制性，可提高污染体系的流动性。

（2）抗污染剂DRP-1L对污染体系稠化时间的影响见表5.2。

表5.2 抗污染剂DRP-1L对污染体系稠化时间的影响

名称	水泥浆	抗污染隔离液	冲洗隔离液	钻井液	稠化时间
1	70%	—	30%	—	240min/20Bc
2	70%	—	—	30%	49min/70Bc
3	70%	10%	—	20%	240min/17Bc
4	70%	10%	10%	10%	240min/12Bc

通过表5.2可知，掺有抗污染剂DRP-1L的隔离液体系对钻井液与水泥浆的污染具有很强的分散稀释性，可有效防止钻井液与水泥浆的污染。

5.1.2.2　含油钻井液的冲洗液研究

油包水钻井液钻井，固井前井壁和套管壁上黏附有一层油浆、油膜，它将导致水泥环界面胶结性能较差。室内试验表明，这种情况下水泥石的界面胶结强度为零，这将会严重地影响固井质量及油田的勘探开发。因此，注水泥前用冲洗液洗净黏附在井下环空界面上的油浆、油膜，是固井成败的关键因素。

（1）组成。冲洗液 DRY—100L 主要是由有机溶剂、非离子表面活性剂、阴离子表面活性剂、螯合剂和稳定剂等组成。

（2）作用机理。①乳化反转作用。油包水体系主要是由柴油、乳化剂（司盘—80）、氧化沥青、磺化沥青、氯化钙、氧化钙及有机土等几种成分组成的钻井液体系，其中司盘—80 是使整个钻井液体系实现油包水（W/O）乳化体系的主剂，它是亲油性物质。而化学冲洗液中的表面活性剂分子可与油包水钻井液中司盘—80 分子的非极性基团结合，削弱了它的亲油性，使司盘—80 由亲油转变为亲水状态，由此油包水体系解体，产生破乳作用，油水发生分离。②乳化增溶作用。化学冲洗液在油浆进行破乳的同时，由于表面活性剂分子的双亲（亲水、亲油）结构性质（图 5.1），其中亲油基主要是长链烃基（如直链烷基、硅氧烷基等）组成，而亲水基主要是由羧基（—COOH）、磺酸基（—OSO$_3^-$）、羟基（—OH）等组成。由于表面活性剂的亲油端可对钻井液中的油相分子链产生分子间力、亲和力，因而表面活性剂的亲油基（即非极性基团）伸向油相，形成定向吸附排列于表面，"包裹"着油相卷缩形成乳状胶束，同时表面活性剂的另一头亲水基（极性基团）伸向水相，把胶束"拉"入水中，而产生润湿、逆乳化亲水增溶作用，形成水包油状胶束分散悬浮于冲洗液中的水相中（图 5.2）。③渗透作用。冲洗液成分中的有机溶剂也具有既可与水亲合，又能与油相容的能力，相对于表面活性剂它只是分子链较短，分子量较小（如酮类、醛类或醇类等）。它通过配合水作为介质，迅速与钻井液中的"油"的烃链分子形成分子间力，降低界面表面张力，形成对界面上的油膜有非常强的浸透力，再配合表面活性剂的乳化增溶作用，可大大加快界面上油浆、油膜的溶解分离。④螯合作用。冲洗液中选用了螯合剂，螯合剂分子可与油包水钻井液中的 Ca^{2+}、Mg^{2+}、Fe^{3+} 等金属离子形成配位键，产生螯合作用，生成稳定的、溶于水或形成胶状悬浮的二元或多元络合物状态，把金属离子"束缚"住，避免金属离子与表面活性剂反应而降低活性、产生沉淀等不利影响。另外，螯合剂对表面活性剂还具有协同增效、辅助冲洗的功能。

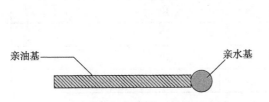

图 5.1　表面活性剂的分子结构示意图

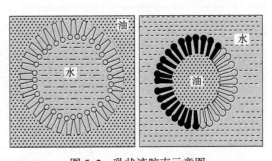

图 5.2　乳状液胶束示意图

（a）油包水（W/O）乳状液；（b）水包油（O/W）乳状液

概括地说，冲洗液就是利用其中的溶剂和表面活性剂等成分，达到对油包水钻井液强力渗透、增溶、乳化和螯合的复合效果，在短时间内迅速有效地将附着在井壁—套管环空双界面上油浆、油膜成分冲洗净，使井壁及套管上的"油湿"变成"水湿"状态，有利于水泥石的界面胶结。

（3）室内试验。

① 冲洗效率的计算和试验方法。

冲洗效率是评价冲洗液冲洗效率的一个定量指标，它主要是利用涡流式冲洗试验装置，按以下方法做冲洗试验：a)把模拟套管的圆模浸泡于油包水钻井液中静止 2min；b)把圆模提出静置 1min 后进行称重；c)把圆模放入冲洗装置中，用冲洗液在一定速度下冲洗一定时间后再称重；d)最后按如下公式计算冲洗效率：

$$冲洗效率 = (G_总 - G_冲) / (G_总 - G_原) \qquad (5-1)$$

式中：$G_冲$——黏油包水钻井液圆模冲洗后的重量，g；

$G_总$——黏附油包水钻井液圆模的总重量，g；

$G_原$——未黏油包水钻井液圆模净重，g。

② 冲洗液主剂的确定。

油包水钻井液中的乳化主剂司盘—80，本身难溶于水，但与其他亲水性强的表面活性剂结合使用，却具有良好的乳化力和亲水性。基于这点出发，筛选确立了冲洗液的主剂为表面活性剂 A，并且它的亲水、亲油性均可调整。又由于油包水钻井液中含大量的二价金属离子（如钙离子等），不仅会削弱表面活性剂的作用，也会导致冲洗液与油包水钻井液混溶后易产生絮凝、沉淀、增稠等现象，对此，又摸索出有针对性的螯合剂 C 做为冲洗液的辅剂，且其加量为冲洗液原液的 10% 时较为适合。为了增加冲洗液对界面油浆的快速渗透性，筛选出了复合有机溶剂 B。为了确定冲洗液的最优组合配方，进行了正交试验，见表 5.3。

分析表中冲洗效率数据可以得出：A 为 30%、35% 和 40% 加量时，冲洗所用时间最少，但加量大于 30% 后，100% 冲洗效率所用时间缩短不明显，说明表面活性剂 A 加量在 30% 较为适合。因此确定冲洗液主要配方为：A30%+B60%+C10%。

表 5.3 冲洗液配方筛选试验

序号	表面活性剂 A(%)	有机溶剂 B(%)	螯合剂 C(%)	T_{100}(min)
1	5	85	10	3.5
2	10	80	10	3.0
3	15	75	10	2.5
4	20	70	10	1.6
5	25	65	10	1.2
6	30	60	10	0.9
7	35	55	10	0.9
8	40	50	10	0.8

注：T_{100} 为 1400r/min 冲洗速率下 100% 冲洗效率所用时间。

③ 冲洗效率对比评价试验。

利用涡流式冲洗装置进行冲洗效率试验，评价冲洗液对界面油浆的冲洗效率，结果见表 5.4 和表 5.5。

表 5.4　常温(25℃)下冲洗性能评价试验

序号	冲洗液类型	模具重量(g)	黏钻井液后模具重量(g)	1400r/min 冲洗1min 后模具重量(g)	1400r/min 再冲洗1min 后模具重量(g)	冲洗效率(%)
1	DRY-100L	2364	2378	2366	2364	100
2	X	2364	2375	2369	2365	91
3	柴油	2357	2375	2364	2361	77.8
4	清水	2364	2372	2370	2370	25
试验条件		搅拌 2 小时				

表 5.5　加温(55℃)下冲洗性能评价试验

序号	冲洗液类型	模具重量(g)	黏钻井液后模具重量(g)	1400r/min 冲洗1min 后模具重量(g)	1400r/min 再冲洗1min 后模具重量(g)	冲洗效率(%)
1	DRY-100L	2364	2371	2364	2364	100
2	X	2364	2372	2367	2365	87.5
3	柴油	2357	2365	2362	2358	87.5
4	清水	2364	2370	2369	2368	33.3
试验条件		油包水钻井液搅拌后与冲洗液均加热到 55℃				

　　基于冲洗机理,开发出的油基钻井液冲洗液体系,能在短时间内迅速有效地将附着在井壁—套管双界面上油浆、油膜冲洗净,使井壁及套管上的"油湿"变成"水湿"状态,有利于水泥石的界面胶结,DRY-100L 冲洗效率最高,2min 内达到 100%。

　　④ 界面胶结强度评价。

　　为了评价油膜被冲洗后水泥环的界面胶结状况,进行了界面胶结强度试验。试验方法:将(按冲洗效率试验方法)冲洗液冲洗后的圆模放入界面强度装置的圆环中,环空中注满 G 级水泥浆,60℃养护 48h 后,在压力机上测其剪切胶结强度,见表 5.6。计算方法:

$$P_{胶} = F/S_{侧} \tag{5-2}$$

式中:$P_{胶}$——界面剪切胶结强度,Pa;

　　　F——强度仪上测定的值,N;

　　　$S_{侧}$——试验用圆模的侧面积,m^2。

表 5.6　水泥环界面剪切胶结强度试验数据

序号	配方(按顺序冲洗)	一界面胶结强度(MPa)	二界面胶结强度(MPa)
1	柴油(2min)+X(4min)	1.16	1.06
2	柴油(2min)+DRY-100L(4min)	1.93	1.42
3	原模(表面黏水)	1.27	1.05
4	黏油未冲洗原模	0	0

　　从表 5.6 中数据可见,冲洗液 DRY-100L 对水泥界面不但无不良影响,而且可提高水泥环的界面胶结强度。分析原因:首先是由于冲洗液对界面水泥浆具有分散性,增加了水泥浆的密实性;其次是冲洗液中成分增强了水泥石与界面的亲和性。

5.1.2.3　高密度抗污染/冲洗隔离液体系

　　(1)高密度隔离液的悬浮剂研究。

　　隔离液悬浮剂组成:悬浮剂 DRY-S1 和高温悬浮剂 DRY-S2。

① 悬浮剂 DRY-S1 是一种具有独特层状结构无机盐矿物。此结构使其具有高度的亲水性，在水介质中高度分散，内部电荷发生变化，层间结合力变小，层状集合体变得易于拆散，而形成层面带负电荷，端面带正电荷的微粒薄片。此薄片在水中以端—端、端—面结合，包含着大量水分子形成网状结构，并使大量自由水转变成束缚水，从而使其本身获得较高黏结性，这样在水中就形成一种支撑骨架的结构。

② 高温悬浮剂 DRY-S2 是一种线状非离子型聚合物，呈卷曲状态。遇水后，吸水基团(羟基，酰胺基等)开始作用，分子链逐渐伸展交叉。分子内含有大量的羟基，可以很容易地与分子中的羰基形成大量氢键。另外，也可以和水分子结合成大量的氢键，这样就极大地增加了分子与分子间，分子与水分子之间的内摩擦力，进而增加了体系的悬浮性。由于单个分子量较大，支链多，形成了具备一定承载能力的状态，并且其在水介质中不离子化，当溶液中含有高浓度盐时而稳定，不会与重金属离子作用而出现析出现象。它的非离子性质使它在含有高浓度的电介质溶液时成为独特的凝胶增稠剂；同时，高分子与高分子间形成松散但悬浮力很强的网状结构。其与稳定剂 DRY-S1 的复配，可以有效地增强颗粒间的内摩擦力及吸附力，承托并悬浮加重剂的颗粒，从而形成较稳定的悬浮体系。

（2）高密度隔离液的综合性能评价试验。

① 高密度隔离液的稳定性及流变性能测试。通过表 5.7 可知，现场用高密度隔离液具有良好的沉降稳定性和流变性能，满足工程应用的要求。

表 5.7　高密度隔离液的稳定性及流变性能测试

隔离液体系	抗污染隔离液	冲洗隔离液	隔离液体系	抗污染隔离液	冲洗隔离液
密度	2.28	2.28	$\varphi300$	192	179
沉降稳定性 （上下密度差，g/cm³）	0.01	0.01	$\varphi200$	145	139
			$\varphi100$	105	90
流变参数	—	—	$\varphi6$	23	18
$\varphi600$	293	281	$\varphi3$	16	13

② 高密度隔离液的抗污染性能测试。

从表 5.8 可知，抗污染隔离液具有良好的抗污染性能，可有效保证固井施工安全。

表 5.8　抗污染稠化性能研究

序号	领浆	钻井液	抗污染隔离液	稠化时间
1	70%	30%	—	128min/70Bc
2	70%	20%	10%	240min/14Bc

通过上述研究开发了抗污染隔离液体系，该隔离液密度调节范围广，适用于不同井深和地层压力，流变性优良，与水泥浆化学兼容性良好。

5.1.3　现场应用

该井是西南油气田分公司布署在双鱼石潜伏构造上的一口重点预探井。该井五开使用 ϕ149.2mm 钻头，钻至 7308.65m 完钻，下 ϕ127mm 尾管封固上部不同的压力系统。该井裸眼段长，环空间隙小，钻井液与水泥浆污染严重(水泥浆：钻井液＝7∶3时，稠化时间 116min/40BC、120min/100BC)，井底温度高(电测井温 159℃，试验温度 143℃)，封固段上下温差大(83~143℃)，油气显示活跃，漏喷同存，施工难度大，给固井施工带来严峻挑战。该井也成为当时中石油西南油气田公司井深排名第三、垂深位居第一的超深井。

现场施工采用正注正挤固井工艺，共注入密度 1.92g/cm³ 高效抗污染隔离液 20.1m³，防止窜槽，并能有效清除附着于井壁和套管壁上的油膜，提高界面胶结质量。注入密度 1.90g/cm³ 高效抗污染先导浆 28.1m³。固井作业期间未发生井漏，碰压后起钻未遇阻。在测井井段总长度 999.5m 中，测井结果显示好的总长度 726.6m 占 73%，中等的总长度 235.5m 占 24%，显示差的井段只有 37.4m 占 3.7%。采用高效抗污染隔离液体取得了良好的效果。

5.2 韧性微膨胀水泥浆技术

针对水泥石脆性大、高温强度衰退的问题，通过膨胀增韧、高温增强机理研究，目前已有高温缓凝剂、高温降失水剂、膨胀增韧材料和高温增强材料，形成了高强韧性水泥浆体系及其配套技术，提高了川渝油气田高温深井井筒密封完整性。

5.2.1 韧性微膨胀水泥浆体系配套外加剂

5.2.1.1 高温缓凝剂研发

（1）缓凝剂研发。

① 缓凝剂设计思路。通过对发挥缓凝作用的分子基团进行深入的机理分析，合理运用聚合物的"包埋"特性以及温度感应伸缩性，研制了一种新型的缓凝剂，高温下具有很好的缓凝性能，低温下强度发展迅速，能适用于长封固段大温差固井作业。通过独特的分子结构设计，以抗盐、耐温基团为主要构成，引入双缓凝基团物质吸附在 C—S—H 凝胶表面，降低水泥石水化速度，同时与 Ca²⁺ 生成微溶性沉淀，降低水泥浆体系中的 Ca²⁺ 浓度，从而实现缓凝；此外，分子结构中引入一种带有屏蔽基团的两性离子单体，该物质的独特结构在于分子结构中的阳离子基团和水泥颗粒表面的阳离子产生相斥作用力，同时具有封端作用，使分子链缩短，避免了由于高分子链的缠结及强吸附而造成水泥浆异常胶凝现象；同时，分子间和分子内能形成稳定的缔合结构，能部分"包裹"缓凝性基团，并且较大的屏蔽基团使得双缓凝基团在高温下的强烈稀释作用减弱，一定程度上保证浆体的稳定性。

面对超缓凝问题，应用了缓凝剂分子设计上的温度感应伸缩性，即表现为该缓凝剂在低温下双缓凝基团被部分"包埋"在缔合结构中，高温下由于分子热运动剧烈，缓凝基团完全裸露出来，由部分吸附变为全吸附在水泥颗粒表面上，高温下表现为较强的缓凝作用，并且该吸附作用与以往缓凝剂的"沉淀"和"毒化"机理不同，该吸附状态是可以解析的，低温下又表现为部分吸附，这就良好地解决了高温稠化时间长与低温强度发展缓慢的矛盾。

② 合成方法。向带有温度计、搅拌器、回流冷凝管的四口烧瓶中加入一定量的去离子水，然后依次加入适量的单体 AMPS、IA 及 DMC，搅拌下加入一定浓度的 NaOH 溶液调节 pH 值，之后升温至预定温度，待反应物完全溶解后，向反应体系中滴加引发剂，待引发剂滴加完毕后，再升温回流 2h，最后自然冷却至室温，得到目标产物为无色液体的黏稠物质，代号为缓凝剂。

③ 缓凝剂的表征。对合成的共聚物通过分离提纯处理后进行红外光谱分析测试。由测试结果可知，3300.99cm⁻¹为 AMPS 中 N—H 伸缩振动吸收峰；2938.71cm⁻¹为—CH₂的伸缩振动吸收峰；1637.66cm⁻¹为 AMPS 上的酰胺基中 C＝O 伸缩振动吸收峰；1299.57cm⁻¹和 1054cm⁻¹分别为 AMPS 中磺酸基的 S＝O 的对称和不对称伸缩振动吸收峰；1449.23cm⁻¹和 1369.85cm⁻¹分别为 IA 中羧酸基团中 C＝O 的对称和不对称伸缩吸收峰；3084.69cm⁻¹和 860.31cm⁻¹为 DMC 中碳氮五元杂环中 C—H 的吸收峰；627.cm⁻¹为 DMC 中 C—N 键的振动吸收峰。并且在 1620~1635cm⁻¹之间处未发现 C＝C 特征吸收峰，表明合成的聚合物中无小分子不饱和单体存在，因此证明单体都参与了共聚，所得聚合物为目标产物。

（2）缓凝剂的差热分析。

缓凝剂要具有良好的耐温性能。一般情况下，随着温度的升高，若发生热降解断链，聚合物类缓凝剂会发生明显的热量变化和质量损失，此时缓凝剂的缓凝效果会大大减弱甚至完全丧失。因此，为了考察缓凝剂的耐温性能，采用 204F1 型差示扫描量热仪对其进行差示扫描量热分析(DSC)，如图 5.3 所示。聚合物在 300℃时出现了明显的放热现象，说明该聚合物分子链在 300℃以上时才会出现分子链断裂的现象，因此该聚合物的分子结构稳定，具有良好的耐温性能。

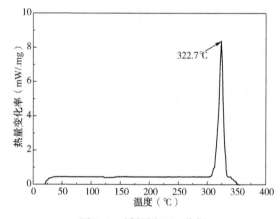

图 5.3　缓凝剂 DSC 分析

（3）缓凝剂的性能评价。

① 缓凝剂的缓凝性能。

为了评价缓凝剂的缓凝性能，表 5.9 对以缓凝剂为主剂的水泥浆在不同温度点进行了稠化试验测试。从表中数据可知，缓凝剂具有很好的耐高温性能，在 70~200℃范围内能有效地控制水泥浆的稠化时间，且过渡时间短，稠化时间易调；并且在 130~180℃范围内，缓凝剂加量并未因为温度的升高而大幅度增大，同时低温下稠化时间对缓凝剂的加量不敏感，这就印证了缓凝剂温度感应性的存在，便于水泥浆稠化时间调节。

研究了缓凝剂在 120~200℃范围内对温度的敏感性，如图 5.4 所示。从图中可以看出，缓凝剂对温度敏感性较小，且具有良好的耐温性能，在循环温度为 200℃时仍具有良好的缓凝性能；在相同缓凝剂加量下，水泥浆稠化时间随着实验温度的升高而缩短，且具有良好的线性关系；在同一实验温度下，水泥浆的稠化时间随缓凝剂加量的增大而延长，也基本呈线性关系。因此，能够根据不同的要求，通过调整缓凝剂的加量来较容易地调节水泥浆的稠化时间。

表 5.9　缓凝剂的缓凝性能评价

配方编号	缓凝剂加量(%)	测试条件	稠化时间(min)	过渡时间(min)
1	0.2	70℃/40MPa	337	9
2	0.5	90℃/45MPa	353	8
3	1.0	110℃/55MPa	301	7
4	1.5	120℃/60MPa	283	8
5	2.0	130℃/65MPa	326	6
6	2.5	130℃/65MPa	397	6
	2.5	140℃/70MPa	356	5
7	2.5	150℃/75MPa	313	3
	2.5	160℃/75MPa	292	2
8	3.0	160℃/75MPa	360	3
	3.0	170℃/80MPa	309	2
9	3.5	180℃/80MPa	315	2
10	4.0	200℃/90MPa	303	2

注：基浆配方为胜潍 G 级油井水泥+35%硅粉+4%降失水剂+缓凝剂+0.6%分散剂+48.3%水。

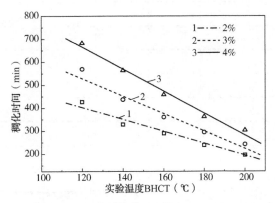

图 5.4　不同缓凝剂加量下水泥浆稠化时间与温度的关系

从图 5.5 至图 5.7 中可以看出，水泥浆在不同温度下的稠化过程中没有出现"鼓包"和"闪凝"等异常现象；水泥浆初始稠度约为 20Bc，具有良好的流动性能；水泥浆稠化过程中稠度曲线走势平稳，没有严重的下降趋势，这能定性地说明浆体高温稳定性良好；且稠化曲线过渡时间很短，呈"直角"稠化，有利于防止环空油气水窜，可以满足高温深井的固井施工要求。

②缓凝剂的耐盐性能评价。

为了适应不同地区、不同区块的固井施工作业，要求缓凝剂除具有良好的耐温性能外，还要具有一定的抗盐性能。为了考察缓凝剂在含盐水泥浆体系中的缓凝效果，在130℃温度下进行了不同盐含量及缓凝剂加量对水泥浆稠化时间的影响试验，结果见表 5.10。由表 5.10 可以看出，缓凝剂具有良好的抗盐性能，含盐量为 8%的水泥浆的稠化时间和淡水水泥浆稠化时间基本一样；当含盐量为 15%时，缓凝剂仍具有良好的缓凝性能，并且水泥浆稠化时间随着缓凝剂加量的增大而变长，但水泥浆稠化时间要比淡水水泥浆稠化时间长，而通常用 10%~18%盐水配制的水泥浆与不加盐的水泥浆稠化时间相差不

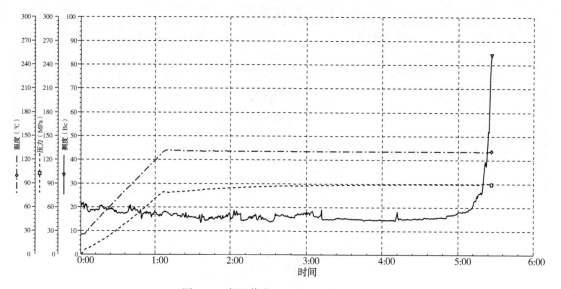

图 5.5　水泥浆在 130℃下的稠化曲线

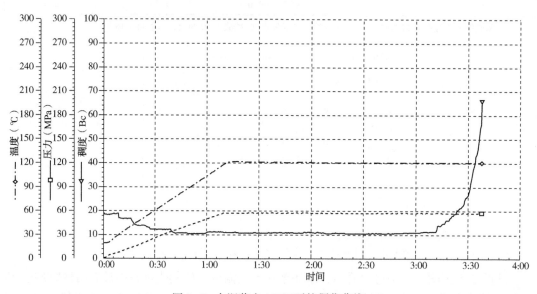

图 5.6　水泥浆在 150℃下的稠化曲线

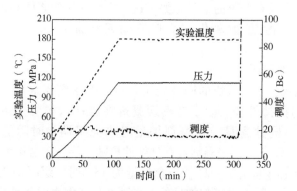

图 5.7　水泥浆在 180℃下的稠化曲线

多，原因可能是高温下水泥浆的水化反应与低温下不同，也可能因为盐溶液是一种强电解质，其中强电负性 Cl^- 包覆在水泥颗粒表面破坏水分子的可逆平衡状态，部分"屏蔽"水和水泥颗粒的接触，从而使水泥浆稠化时间变长。其他缓凝剂也存在含盐水泥浆的稠化时间比淡水水泥浆长的现象。

表 5.10　缓凝剂的抗盐性能评价

序号	水泥浆配方	含盐量(%)	稠化时间(min)	过渡时间(min)
1	基浆+2%缓凝剂	0	326	6
2	基浆+2%缓凝剂	8	324	7
3	基浆+2%缓凝剂	15	346	5
4	基浆+2.2%缓凝剂	15	373	4

图 5.8 是按配方 4 配制的水泥浆在 130℃下的稠化曲线。从图中可以看出，含盐水泥浆的稠度曲线平稳，无"鼓包"和"包心"等异常现象，且过渡时间短，基本呈"直角"稠化。说明缓凝剂具有良好的抗盐性能，可以适用于盐水水泥浆体系的固井作业中。

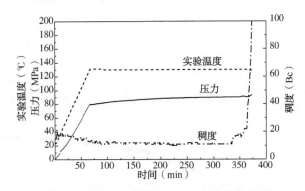

图 5.8　配方 4 水泥浆在 130℃下的稠化曲线

③ 大温差条件下水泥石强度的评价。

在高温深井的固井作业中，需要在固井水泥浆中加入大量的缓凝剂，以确保有足够的施工时间，保证固井施工安全[8]。但通常情况下，加入大量的缓凝剂之后，当水泥浆一次上返时，由于水泥柱顶面温度较低，则会导致顶部水泥浆强度发展缓慢甚至出现超缓凝现象，不仅影响固井周期，而且会严重影响固井质量。因此，水泥石的强度发展在油井水泥固井作业中是至关重要的。

分别研究了水泥浆分别在井底静置温度和顶部温度分别为 90℃、70℃和 30℃下的强度发展情况，如表 5.11 和图 5.9 所示。从表 5.11 可以看出，在不同循环温度下，稠化时间大于 300min 的水泥浆在对应的井底静止温度下养护 24h 后，均拥有较高的抗压强度（20MPa 以上），说明该缓凝剂对水泥石水化无不良影响；在不同顶部温度条件下养护，水泥石具有良好的早期强度，如井底循环温度 160℃、稠化时间 296min 的水泥浆在顶部温度为 30℃下养护 2d 后，水泥石已有一定强度，养护 3d 后达到 12.6MPa，能够满足长封固段大温差固井的施工要求；含盐量为 8%的水泥石强度发展和淡水水泥石基本一样，但含盐量为 15%的水泥浆在低温下的强度发展要比淡水水泥浆的慢，原因可能是盐中较多的氯离子对水泥浆凝胶结构有一定的影响，致使水泥石强度发展较慢，但 3d 后强度大于3.5MPa，能够满足固井要求。目前，其他缓凝剂在含盐水泥浆体系中也存在水泥石强度发展缓慢的现象。

表 5.11　大温差下水泥石的强度发展情况

序号	养护温度（℃）	24h 强度（MPa）	大温差下水泥石强度（MPa）					
			90℃		60℃		30℃	
			48h	72h	48h	72h	48h	72h
1	150	26.4	17.2	25.2	12.8	21.8	4.8	16.9
2	160	27.8	16.5	22.8	8.4	19.4	2.64	14.4
3	190	29.6	10.4	21.4	4.2	18.6	1.2	12.6

图 5.9 是井底循环温度为 130℃的水泥浆体系（水泥浆稠化时间为 326min）在 70℃下的静胶凝强度发展情况。从图中可以看出，水泥浆在 20h 时强度开始迅速发展，28h 时强度达到 14MPa 以上。结果表明，缓凝剂高温下具有良好的缓凝性能，低温下水泥石的早期强度发展较快，则该水泥浆体系具有一定的防油气水窜的作用，同时也印证了该聚合物温度感应伸缩这一特性的存在，间接说明了缓凝剂分子结构的优越性。

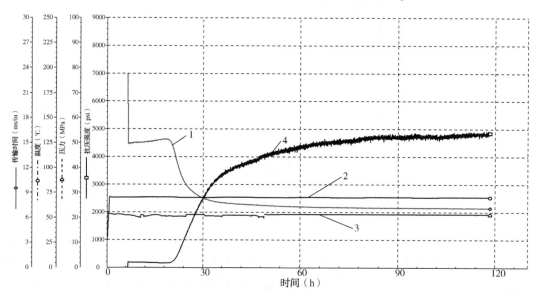

图 5.9　配方 1 水泥浆在 70℃时静胶凝强度发展曲线

综上，由表 5.11 和图 5.9 可知，加入缓凝剂的水泥浆体系可以满足温差为 50～130℃的大温差固井作业，可以实现水泥浆一次上返 6000m 以上的长封固段固井作业，并且在大温差条件下水泥石强度发展迅速，没有出现超缓凝或长期不凝的现象，对水泥石后期强度发展无不良影响。因此，运用新型缓凝剂水泥浆体系可以解决长封固段顶部水泥浆长时间不凝的问题。

④ 高温大温差水泥浆综合性能。

以缓凝剂为核心的水泥浆体系是主要针对目前越来越多的深井超深井、长封固、大温差固井而开发出来的一套水泥浆体系，旨在解决目前国内外加剂抗温抗盐综合性能差，大量高温固井水泥浆外加剂需要进口的现状。尤其对 4000m 以上甚至 6000m 的井深，温差50℃以上的全封固固井起到积极的推进作用，对该水泥浆体系抗高温、大温差环境的实验评价结果如表 5.12。从表中数据可以看出，以缓凝剂为主剂的水泥浆综合性能良好，水泥浆流动度介于 20~23cm，API 失水量能控制在 100mL 以内，稠化时间可调，过渡时间短，基本呈"直角"稠化，并且可适用于高密度水泥浆体系和低密度水泥浆体系中，大温差下水泥柱顶部强度发展良好，能够满足大温差固井施工的各项要求。

表 5.12　含缓凝剂的大温差水泥浆综合性能评价

BHCT （℃）	缓凝剂加量 （%）	ρ （g/cm³）	流动度 （cm）	FL_{API} （mL）	T （min）	$T_{过渡}$ （min）	养护温度 （℃）	p_{48h} （MPa）
110	1.0	1.88	22	48	301	7	30	11.2
120	1.5	1.88	23	62	313	8	30	7.4
120	1.5	1.55	22	74	362	6	60	9.6
120	1.5	2.10	21	68	343	5	60	10.8
130	2.0	1.88	22	64	326	6	60	8.9
150	2.5	1.88	21	72	313	3	60	7.2
160	2.5	1.88	22	84	292	2	90	17.2
170	3.0	1.88	23	80	287	2	90	14.6
180	3.5	1.88	20	68	315	3	90	9.3

5.2.1.2　高温降失水剂研发

（1）降失水剂设计思路。

在实验过程中，先通过查阅国内外大量文献，充分了解现在抗高温降失水剂的基本状况。然后从机理出发，针对目前抗高温降失水剂普遍存在的问题，进行合理的分子结构设计，通过结构设计选择合适的耐高温的优良单体，进行大量的合成实验。对合成的降失水剂样品进行测试，对测试结果进行详细分析，再反过来指导合成实验，不断优化配方，从而合成出耐高温的优良降失水剂。其主要技术思路如下：①为了保证新型降失水剂（共聚物降失水剂）有优异的控失水能力，引入具有羧基、氨基等强吸附性基团的单体；同时针对高温下吸附能力减弱、失水量变大的问题，筛选出高温下吸附能力强的单体参与聚合反应。②为了使新型降失水剂具有耐高温的特性，引入具有苯环、大侧基等链刚性基团的耐高温单体参与聚合；同时引入耐水解单体，避免水解产生的副作用，为了尽量减少高温基团的水解，对高温易水解基团进行改性和抑制。③为了使新型降失水剂具有抗盐的特性，引入具有稳定基团、对外界阳离子不敏感、抗盐能力强的磺酸基单体参与反应。④为了增强新型降失水剂的耐热性，在满足降失水效果的情况下，应通过控制反应条件，尽可能降低聚合物的相对分子质量，且使聚合物有合适的相对分子质量分布。通过调整各基团的数量和配比，制备具有优良综合性能的降失水剂。

（2）降失水剂的合成方法。

按反应机理，聚合反应可以分为逐步聚合和链式聚合两大类。链式聚合反应较快，分子量增加较快，自由基聚合和正、负离子聚合及配位聚合均属链式聚合反应。自由基聚合反应是合成高分子化合物的重要反应之一，而油田用水溶性聚合物绝大多数是由自由基聚合反应合成的，自由基聚合反应的方法通常有四种：本体聚合、溶液聚合、悬浮聚合和乳液聚合。为获得油田用聚合物，根据产品的性能和使用环境要求来选择合适的聚合方法。

油田用聚合物合成一般不采用本体聚合的方法，这是因为所用的合成单体常具有较高的反应活性，聚合速率一般都很高，反应时放出很多的热量，而本体聚合散热比较困难，常会造成局部过热，影响聚合物的结构和性质，严重时会造成温度失控，引起爆聚。与本体聚合相比，溶液聚合单体浓度低，聚合速率慢，传热容易，温度容易控制，可避免局部过热现象的发生，制得的产物性能比较稳定。悬浮聚合与乳液聚合体系和工艺相对比较复杂，且产物中常含有分散剂和乳化剂残留物，可能会影响产物性能，除去又比较困难。因此，目前聚合物型降失水剂的合成大都采用溶液聚合的方法。另外，合成的聚合物型降失水剂一般都是水溶性的，所用单体也大都为水溶性单体。因此，本文抗高温降失水剂的合成采用水溶液自由基聚合的方法。水溶液聚合的主要优点有：以水做溶剂，无毒、无污染，环境友好，同时水价廉、易得、传热速度快、散热容易，与各单体、引发剂及聚合物有良好的相溶性。

（3）降失水剂的表征。

① 抗高温降失水剂结构表征结果。

图 5.10 为 DRF-120L 的红外光谱图。

对红外谱图进行了分析，谱图各峰位置所对应的基团如下：图中 3450cm^{-1} 为 AMPS 中的—N—H—的伸缩振动峰；2980cm^{-1} 为 DMAA 中—CH$_3$ 基的伸缩振动峰，2940cm^{-1} 为—CH$_2$ 基的伸缩振动峰；1660cm^{-1} 为 AMPS、DMAA 和羧基中—C≡O 基的伸缩振动峰；1220cm^{-1} 为—C—N 基的伸缩振动峰；1190cm^{-1} 的强吸收峰为新型双羧基单体的—C—O 伸缩振动峰；1040cm^{-1} 为—S≡O 的伸缩振动峰。由此可知，三种单体都成功参与了聚合，产品 DRF-120L 为 AMPS、DMAA 和双羧基单体的共聚物。

② 抗高温降失水剂耐热性能表征结果。

图 5.11 是抗高温 DRF-120L 差热分析谱图和热重谱图。由图可以看到 DRF-120L 在温度高于 280℃ 以后才发生明显的热量变化和质量损失，温度低于 280℃ 时 DRF-120L 未出现明显热降解，因此其分解温度高于 280℃，具有很强耐热性能。

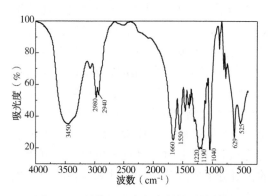

图 5.10　最佳配比降失水剂的红外谱图

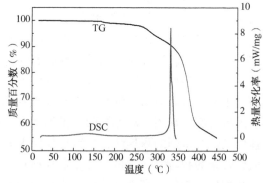

图 5.11　DRF-120L 的 TG 和 DSC 谱图

③ 抗高温降失水剂分子量表征结果。

将抗高温 DRF-120L 用丙酮洗涤纯化、干燥、研磨后，利用内径为 0.46mm 的乌氏黏度计采用特性黏数法对聚合物降失水剂的相对分子量进行测试。测试结果见表 5.13。

其中 t_0 为参考溶液从乌氏黏度计上刻度流至下刻度的时间，t 为加入聚合物降失水剂的溶液从乌氏黏度计上刻度流至下刻度的时间，η_r 为相对黏度，$[\eta]$ 为特性黏数，M 为聚合物降失水剂的相对分子质量。由表 5.13 可知最佳配比的聚合物降失水剂的相对分子质量为 $6.03×10^5$。

表 5.13　降失水剂的相对分子量

项　　目	$t_0(s)$	$t(s)$
第一次	108.70	129.04
第二次	108.34	129.09
第三次	108.04	129.27
平均值	108.36	129.13
η_r	1.19	
$[\eta]$	200.00	
M	$6.03×10^5$	

④ 降失水剂的性能评价。

a）抗高温降失水剂降失水性能评价。将抗高温 DRF-120L 加入到淡水水泥浆（密度为 1.90g/cm³）中，改变 DRF-120L 的加量，评价其加量与水泥浆失水量的关系。测试所用水泥浆基本配方为：嘉华 G 级油井水泥 600g+降失水剂+水+消泡剂（0.44 水灰比）。测试条件为 90℃、6.9MPa，测试结果如图 5.12 所示。

由图 5.12 可以看到，随着 DRF-120L 加量的不断增加，水泥浆失水量迅速降低，降失水剂加量和失水量具有较好的线性关系。且由图可以看到，当加量为 2.5%时就可将失水量控制在 100mL 以内，加量大于 3%就可将失水量控制在 50mL 以内。因此 DRF-120L 降失水剂有优良的降失水性能。

b）抗高温降失水剂抗盐性能评价。在盐层、盐膏层、高压盐水层的固井时，为了防止盐侵入水泥浆中和改善水泥环与地层的胶结状态，一般采用含盐水泥浆体系。盐溶液是一种强电解质溶液，含盐水泥浆失水量难以降低，许多降失水剂在含盐水泥浆中的降失水能力大为减弱甚至丧失。因此，在配制含盐水泥浆时必须保证降失水剂有优良的抗盐性能，以确保含盐水泥浆体系具有良好的综合性能。

测试所用水泥浆的基本配方为：嘉华 G 级油井水泥 600g+降失水剂+氯化钠+水+消泡剂（0.44 水灰比）。图 5.13 为实验室内测得的氯化钠浓度为 18%和 36%条件下含盐水泥浆体系的失水量与 DRF-120L 加量的关系曲线，测试温度为 90℃、压力为 6.9MPa。

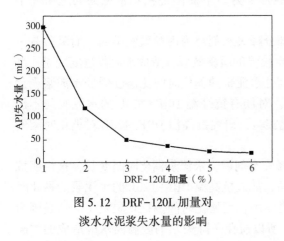

图 5.12　DRF-120L 加量对
淡水水泥浆失水量的影响

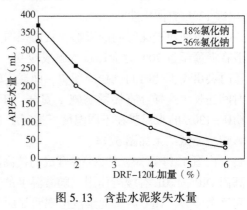

图 5.13　含盐水泥浆失水量
与 DRF-120L 加量的关系

由图 5.13 可知，DRF-120L 具有优良的抗盐性能，随着降失水剂加量的增加失水量逐渐降低，当氯化钠浓度为 18%时，加入 4%的 DRF-120L 就可使失水量控制在 100mL 以内；当氯化钠浓度为 36% 时，加入 5% 的 DRF-120L 就可使失水量控制在 100mL 以内；另外，由图 5.13 可知盐浓度的大小对 DRF-120L 的控制失水能力影响不大，这说明其对盐不敏感。这是因为 DRF-120L 中引入了大量具有磺酸基的单体，磺酸基团稳定，对外界阳离子不敏感，抗盐能力大大增强了。

c）抗高温降失水剂抗温性能评价。随着温度升高，常用的降失水剂由于官能团分解、分子链断裂及高温脱吸附等，一般降失水能力会急剧下降。为了研究 DRF-120L 的抗温性能，按照 API 规范配制淡水水泥浆，在不同温度下进行了滤失实验。温度高于 110℃ 时，水泥石强度常会发生衰退，在实际固井中，常加入硅粉来避免水泥石的高温强度衰退，为了接近实际情况，因此 110℃ 以上实验水泥浆配方加入了硅粉和具有防沉降作用的微硅。实验结果见表 5.14。

由表 5.14 可知，当温度达到 180℃ 时，合成的 DRF-120L 仍可将失水量控制在 100mL 以内，具有优良的耐温性能。这是因为本实验合成的最佳配比的 DRF-120L 引入了耐水解单体 DMAA 代替了常规的原料 AM，而且引入了具有庞大侧基和高温下吸附能力强的单体，这都为抗高温性能提供了保证。

表 5.14 高温下的失水量

编号	水泥浆配方	试验温度(℃)	水泥浆密度(g/cm³)	API 失水量(mL)
1	G 级水泥 600g+0.3%分散剂+3%降失水剂+44%水+消泡剂	70	1.88	45
2		90	1.88	52
3	G 级水泥 600g+35%硅粉+5%微硅+0.3%分散剂+4%降失水剂+44%水+消泡剂	120	1.88	60
4		140	1.88	70
5		160	1.88	86
6		180	1.88	112
7		180	1.88	64

d）抗高温降失水剂稠化性能评价。水泥浆的稠化性能是固井施工中的关键指标，良好的水泥浆稠化性能可以保证固井施工的顺利进行。实验室可通过稠化实验测试水泥浆的稠化曲线从而评价水泥浆的稠化性能。良好的水泥浆稠化性能不仅要求有合适的稠化时间、初始稠度，而且要求过渡时间短、稠化线形良好。下面围绕稠化常见的问题研究了 DRF-120L 的稠化性能。

一方面对稠化时间的影响，目前国内大部分降失水剂都为丙烯酰胺类的，而酰胺基一般在温度超过 70℃ 时会逐步水解成羧基，产生较强的缓凝效应，造成水泥浆过度缓凝，严重时会出现稠化时间倒挂的现象，即温度较高处水泥浆的稠化时间比温度低处水泥浆稠化时间还长，这样会直接影响施工安全。于是，对加有抗高温 DRF-120L 的水泥浆与不加 DRF-120L 的水泥浆在不同温度下进行了稠化实验，研究抗高温 DRF-120L 对稠化时间的影响，测试结果如图 5.14。

由图 5.14 可知，加入 3% 合成的抗高温降失水剂后，水泥浆稠化时间变长，这说明抗高温 DRF-120L 有缓凝作用。随着温度的升高，加入抗高温 DRF-120L 的水泥浆的稠化时间逐渐缩短，70℃ 后水泥浆没出现明显的缓凝作用，无稠化时间倒挂现象发生。这是因为 DRF-120L 引入了耐水解基团取代了酰胺基，所以避免了降失水剂因高温水解造成的缓凝作用。另外，稠化实验结果显示加入 DRF-120L 的水泥浆稠化曲线良好，初始稠度合适，过渡时间短。

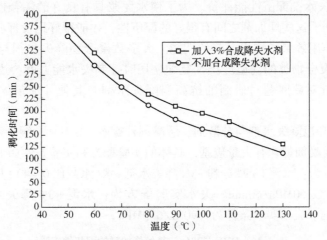

图 5.14　DRF-120L 对水泥浆稠化时间的影响

　　另一方面对稠化线形的影响，稠化线形是指在一定的温度和压力作用下，水泥浆的稠度随时间变化形成的曲线的形状。稠化线形良好是保证施工安全的前提，稠化曲线平稳、"直角"稠化且无"鼓包""包心"现象是良好线形的表现。在高温稠化实验中常出现"鼓包""包心"等问题，当严重时会出现憋泵等问题，影响施工的顺利进行。为了保证水泥浆有合适的稠化时间，高温实验一般要加入高温缓凝剂。选择研发过程中容易产生"鼓包""包心"的一种缓凝剂与降失水剂复配做稠化实验，同样体系只变换降失水剂在相同实验条件下进行对比实验。实验结果如图 5.15 所示，实验条件为 120℃、60MPa。

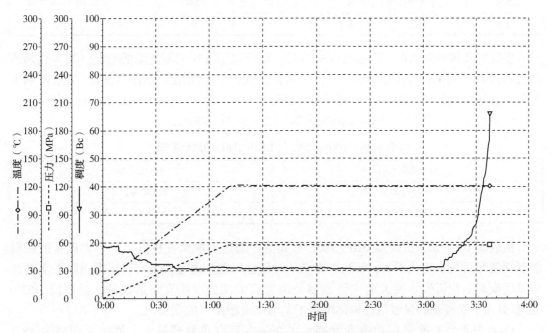

图 5.15　加入降失水剂的水泥浆稠化曲线对比

　　由图 5.15 可知，抗高温 DRF-120L 替换丙烯酰胺类的降失水剂后，曲线平稳，消除了"鼓包""包心"现象，呈直角稠化，曲线线形良好。因此可在一定程度上解决上述问题。

e）抗高温降失水剂配伍性能评价。为了使水泥浆具有良好的综合性能，往往需在其中加入多种外加剂。这些外加剂之间有很好的配伍性，才能很好地发挥各自的作用，否则就会干扰外加剂作用效果影响水泥浆的性能。大多数聚合物降失水剂与有机羧酸及其盐类或有机羧酸的聚合物类的高温缓凝剂复配使用时控制失水能力就会遭到严重破坏，导致失水不可控。针对此问题对研制的抗高温降失水剂与其他外加剂的配伍性能进行了评价。

表5.15是抗高温降失水剂与分散剂、缓凝剂柠檬酸、GH-9和缓凝剂的配伍性实验结果。其中，所选缓凝剂都含有大量羧基，具体的实验配方和实验条件如下。

稠化实验配方为：水泥+35%硅粉+3%降失水剂+水（水灰比0.44）+其他外加剂。稠化实验条件为：120℃/60MPa/60min。失水实验配方为：水泥+3%降失水剂+水（水灰比0.44）+其他外加剂。失水实验条件为：90℃/6.9MPa。

表5.15　DRF-120L与其他外加剂的配伍性实验

FDN加量(%)	柠檬酸加量(%)	GH-9加量(%)	缓凝剂加量(%)	API失水量(mL)	稠化时间(min)	流动度(cm)
0.5	0	0	0	50	53	21
0.6	0	0	0	51	55	23
0.5	0	0	2.0	57	300	22
0.6	0	0	2.4	60	412	23
0.5	0	1.5	0	55	337	24
0.6	0	2.0	0	58	469	23
0.5	0.8	0	0	53	—	22
0.6	1.0	0	0	59	—	24

在针对具体油井情况调配水泥浆配方时，就出现了外加剂不复配的情况。加入成熟的降失水剂DRF-100L与缓凝剂复配时，失水量很大；于是换用了DRF-120L，失水得到了控制，具体实验数据见表5.16。其中水泥浆配方为：嘉华G级水泥+31.2%防窜材料FIIF+25%硅粉+1%分散剂DRS-1S+4%降失水剂+2%缓凝剂+60%水。

表5.16　DRF-120L与DRF-100L的对比实验

所用降失水剂	API失水量
DRF-100L	>200mL
DRF-120L	40mL

由表5.16可知，抗高温DRF-120L与其他外加剂的配伍性良好，且与含羧基的高温缓凝剂复配后失水变化不大，解决了常见的配伍性问题。通过大量实验还得出降失水剂与常见缓凝剂不配伍失水变大的主要原因是两者官能团的吸附竞争造成的，抗高温DRF-120L引入了双羧基的强吸附性单体增强了其与高温缓凝剂的配伍性。

f）水泥浆静胶凝强度和强度发展。水泥浆在环空顶替到位后，静胶凝强度为48~240Pa的区间内环空气窜发生的可能性比较大，这个区间的过渡时间越短，气窜的机会就越小。另外，水泥浆顶部由于温度较低，常常会导致水泥浆长时间不起强度，影响施工的进行。因此，良好的水泥浆体系应该胶凝过渡时间短且在低温下强度发展快，这就要求水泥外加剂有优良的性能。于是采用水泥静胶凝强度分析仪对DRF-120L为主剂的水泥浆体系进行了测试，水泥浆配方为：600g 嘉华 G 级水泥+3%DRF-120L+水（0.44 水灰比）。测试条件为：60℃/21MPa。

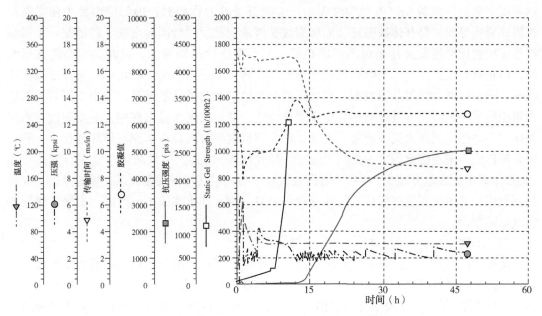

图 5.16　以 DRF-120L 为主剂的水泥浆静胶凝强度测试图

由图 5.16 可知，以抗高温 DRF-120L 为主剂的水泥浆静胶凝强度过渡时间短，低温强度发展较快。

5.2.1.3　膨胀增韧材料的研发

普通水泥是一种多相、高度非均质体系，内部结构上存在着大量的空隙和微孔道，特别是水泥在凝结时往往伴随着体积收缩使空隙更大，渗透率也随之增高，水泥石在宏观材料特性上表现为脆性和多孔道。提高水泥石的韧性，主要通过紧密堆积原理和超混合复合材料机理在水泥浆体系中掺入韧性材料，利用韧性材料本体的低弹性模量特性，可降低外力的传递系数，减小外力对水泥石基体的损害，达到保持水泥石力学完整性的目的。然而研究水泥石韧性的主要实验方法如下：抗压与抗折强度实验、三轴应力试验、膨胀收缩性实验等。为了提高效率，寻找一种简便的实验手段，找出韧性材料对水泥石韧性改造的影响规律是很有必要的。然而，由于抗压强度是决定水泥石封隔性能的主要因素，因此研究水泥石抗压强度作为优选增韧材料的主要方式。

膨胀增韧材料是由多种功能物质复配而成。其作用机理形式分别为：高分子基质塑化型韧性改造机理、无机材料晶格膨胀基质膨胀机理、无机纤维"三维搭桥"阻裂型韧性改造机理。其中，组分 A 是先将经过精馏提纯的含量为 99.5%以上的某烷在乙醇与水的介质中，在酸催化下发生反应，并分离出双官能团的聚合体，然后再使聚合体在催化剂的作用下，形成具有增韧作用的线性高分子材料，其使用温度范围 0~200℃。组分 B 是在一定温度下经高温煅烧后形成晶体未完全发育的无机矿物组分，其加在水泥浆体系中在一定温度条件下发生晶相转变，当水泥凝结硬化时，水泥石体积膨胀，起补偿收缩和拉张钢筋产生预应力以及充分填充在水泥间隙作用。因此，组分 B 在水泥浆体系中可参与水化反应，避免固井水泥环体积收缩，以及在交变应力作用下保证水泥环的结构完整性和力学完整性。组分 C 是一种无机矿物晶须，其以单晶形式生长，具有均匀的横截面、完整的外形和完善的内部结构的纤维状单晶体。其作用本质是把水泥石的脆性破裂转变为塑性破裂,阻断或者延长水泥石受力时微裂纹的扩展路径。晶须增强增韧机制主要有桥连机制、裂纹偏转机制和拔出机制。根据 Griffith 微裂纹理论,水泥石受外力作用时,内部应力集中使微裂纹扩展成裂缝导致材料基体被破坏,而微裂纹扩展遇到晶须时会同时出现 3 种情况:①微裂纹继续按初始路径发展并表现出扩展趋势,但不至于使晶须拔出,此时晶须会桥连微裂纹,阻止微裂纹扩大;②当微裂纹发展与晶须在同一个平面,又没有足够能量冲断高强度晶须,微裂纹就会绕过晶须端面,通过延长微裂纹扩展路径耗散能量;③当水泥石内部应力累积到足够大时,大量微裂纹集中发展成裂缝,晶须表现为拔出作用,晶须通过与水泥基体的摩擦作用消耗大量破碎能。上述 3 种作用机制同时出现在水泥石破坏过程中,并协同发挥作用,消耗能量的大小顺序为拔出>裂纹偏转>桥连。尽管晶须与水泥石基体胶结(加砂水泥中胶凝组分减少)会对其增强效果有影响,但其增强增韧效果主要通过以上 3 种机制及作为微填料而发挥作用。故增韧材料 DRE-300S 在水泥浆中同时起到膨胀、增韧和防气窜的作用。

(1)膨胀增韧材料的研制。

将优选的组分 A、组分 B、组分 C 以一定比例混配后,研究其对水泥石力学性能的影响,从而确定增韧材料中各组分的最有配比。其各组分对水泥石抗压强度和线性膨胀率的影响如表 5.17 所示,从表中可以看出,组分 A 对水泥石强度有一定影响,但该组分可明显降低水泥石的弹性模量,可增加水泥石的韧性;组分 B 对水泥石强度发展基本无影响,且其具有一定的膨胀作用,可明显改善水泥石的体积收缩性能;组分 C 是强度增强剂,同时也可以提高水泥石的韧性。综合以上性能,则增韧材料中组分 A、组分 B 和组分 C 的比例应为 1:2:1(质量比)。将这三种物质按照一定质量比例进行混配,最终形成固井产品—增韧材料 DRE-300S。

表 5.17　膨胀增韧材料 DRE-300S 的组分优化

加量(%)			1d 抗压强度 (MPa)	线性膨胀率 (%)	7d 弹性模量 (GPa)
组分 A	组分 B	组分 C			
0	0	0	26.4	-0.08	9.8
4	0	0	21.2	0.05	6.9
2	2	0	21.8	0.26	7.2
2	0	2	24.3	0.06	7.5
0	2	2	25.1	0.18	7.8
2	1	1	22.8	0.19	7.1
1	1	1	24.7	0.12	7.4
1	2	1	23.2	0.24	7.3

注:组分含量是占油井水泥质量百分数,水泥浆基础配方为:嘉华 G 级水泥(HSR)+组分 A+组分 B+组分 C+0.3% 分散剂 DRS-1S+44%水。

(2)膨胀增韧材料 DRE-300S 配伍性研究。

膨胀增韧材料 DRE-300S 与水泥浆外加剂具有良好的配伍性,结果见表 5.18。则 DRE-300S 与降失水剂、缓凝剂、分散剂、消泡剂等外加剂具有良好的配伍性能。

表 5.18　增韧材料 DRE-200S 与水泥浆外加剂的配伍性

序号	水泥浆外加剂	与 DRE-300S 的作用效果
1	降失水剂	无反应
2	缓凝剂	无反应
3	分散剂	无反应
4	消泡剂	无反应
5	抑泡剂	无反应
6	pH = 11 ~ 14	无反应

（3）膨胀增韧材料 DRE-300S 水泥石力学性能研究。

膨胀增韧材料 DRE-300S 对常规密度水泥石力学性能的影响见表 5.19。

表 5.19　DRE-300S 对水泥石力学性能的影响

DRE-300S(%)	流动度(cm)	p_{24h}(MPa)	p_{7d}(MPa)	抗拉强度(MPa)	抗折强度(MPa)	弹性模量(GPa)
0	23	26.4	32.8	2.9	3.2	9.8
2	22	21.7	24.3	2.5	4.6	8.4
4	20	23.8	27.4	2.4	5.8	7.3
6	19.5	24.6	28.8	2.7	5.9	6.9
8	19	23.4	28.5	2.5	5.9	6.8
10	19	25.2	30.2	2.4	6.1	6.8

注：水泥浆基础配方：嘉华 G 级水泥(HSR)+增韧材料+0.3%分散剂 DRS-1S+44%水，养护条件为80℃、常压。

由表 5.19 可知：由于增韧材料是一种粉末性材料，颗粒小，比表面积大，表面易吸附水，故随着膨胀增韧材料 DRE-300S 加量增加，水泥浆流动度逐渐减小，这是因为增韧材料中的无机材料在一定温度、碱度条件下晶格发生膨胀致使颗粒间运动阻力增大，此外无机纤维的搭桥作用也会阻止水泥颗粒的运动，所以水泥浆的流动性能会随着增韧材料的增加而逐渐减小，因此在现场固井施工中应综合考虑水泥浆性能，以确定膨胀增韧剂 DRE-300S 的最优加量。当膨胀增韧材料加量占纯水泥 6%时，水泥石抗压强度最高，当加量超过 6%时，水泥石抗压强度略有增加，但增加幅度不大。这是由于膨胀增韧材料 DRE-300S 中的无机纤维通过"三维搭桥"作用形成桥接可有效阻止缝隙的发展；随着加量增加，水泥石内部充填越密实，紧密堆积效果越好，水泥石抵御外界作用力越强，从而有效保持了水泥石的完整性。然而，当膨胀增韧材料 DRE-300S 加量过大时，降低了水泥石内部胶凝材料之间的接触面积，从而减弱了水泥石内部的结构力；加之在水泥石强度发展时，水泥石内部的水化产物逐渐增多，水化产物的晶体与增韧材料颗粒之间存在相互挤压，易导致水泥石内应力集中，当外力作用在水泥石上时，水泥石容易破裂，从而出现水泥石强度衰退的现象。7d 水泥石抗压强度明显高于 24h 强度，无明显强度衰退现象；水泥石抗拉强度随 DRE-300S 加入明显降低，且降低率在 6% ~ 24%之间；水泥石的抗折强度明显提高，但其加量大于 6%时，抗折强度有降低的趋势，这是由于惰性的膨胀增韧材料 DRE-100S 过多地填充于水泥石空隙中，将一定程度影响水泥石的内部结构；随 DRE-300S 加量增加，水泥石的弹性模量明显降低，泊松比明显升高；综合考虑，DRE-300S 加量分别为 4%时，水泥石综合性能满足固井技术要求，且抗压强度相对较高，无强度衰退现象，同时，弹性模量较小，抗拉强度和抗折强度较大，可以达到"低弹性模量—高强度"特性。

5.2.1.4 高温增强材料研发

（1）高温条件下水泥石强度衰退评价方法。

进行油井水泥石高温抗压强度衰退实验时，装满试模并盖上盖板后，立即放入初始温度为27℃±3℃的加压釜中。然后按试验方案升温、加压。油井水泥石的养护温度一般高于110℃，在试样进行强度测试之前的45min，停止加热并将试样温度冷却至90℃或更低。在冷却过程中应保持养护釜内的试验压力。在试样进行强度测试之前45min时，缓慢释放压力并从养护釜中取出试模，然后立即将试样脱模并放入温度为27℃±3℃的水浴中，直到试样进行强度测试。

应使用抗压强度试验机进行强度测试。对于预期强度大于3.5MPa的试样，其加荷速率应为71.7±7.2kN/min，对于预期强度不大于3.5MPa的试样，加荷速率应为17.9±1.8kN/min。在试样受压期间至破型前，不应调整试验机的控制部分。抗压强度等于试样破型所需的力除以与抗压强度试验机承载盘接触的最小横截面积。求出由同一水泥浆制成并在同一时间测试的所有合格试样的抗压强度平均值并精确至0.1MPa。记录抗压强度结果和试验方案。

对高温条件下水泥石强度衰退进行评价，应按照上述实验方法，测定并记录油井水泥石在超过110℃条件下，不同温度下的抗压强度结果，进行比较以确定其抗压强度的衰退情况。

（2）大温差条件下水泥石强度衰退评价方法。

将水泥浆倒入加压稠化仪的浆杯中，按模拟具体井下条件设计的方案升温至T_{BHC}。保持试验温度和压力60min，使水泥浆温度达到平衡。然后以1.0℃/min的速率将水泥浆冷却至水泥柱顶部的循环温度（T_{TOCC}）或90℃，若T_{TOCC}高于90℃，则冷却至90℃。用下面的公式确定冷却时间（t），以min表示。

$$t = \frac{T_{BHC} - T_{TOCC}}{1.0} \tag{5-3}$$

式中：t——冷却时间，min；

    T_{BHC}——井底循环温度，℃；

    T_{TOCC}——水泥柱顶部循环温度，℃。

在温度下降期间保持试验压力。当温度降至T_{TOCC}或90℃时，缓慢释放压力并取出浆杯。小心操作，最大限度地减少油对水泥浆的污染。从顶部打开浆杯（同时将搅拌叶留在原位），这样可避免倒置浆杯并减少因油进入水泥浆而造成的污染。用吸油布或纸巾吸去水泥浆顶部可见的油。取出搅拌叶，将水泥浆在浆杯和烧杯之间往返倒3次，将可能沉降的固相重新悬浮起来。按GB/T 19139规定的方法把水泥浆倒入准备好的试模中，并将试模放入已预热的养护釜中（将养护釜预热到T_{TOCC}或90℃），也可使用非破坏性声波试验装置。在从稠化仪中取出水泥浆后15min内，完成施加20.7±3.4MPa的养护压力并开始升温养护。

用与井下条件相适应的升温时间将试样的温度T_{TOCS}调整到最终养护温度，调整期间保持养护压力。如果达到最终养护条件的时间未知或没有规定，则选定6h。按照GB/T

19139 规定的方法取出试样并测定试样的抗压强度。可以获知高温大温差条件下水泥浆的强度发展情况。

（3）利用紧密堆积理论进行水泥浆设计的方法。

对于简单二元系统，应用 Aim 和 Goff 模型计算如下：

$$\varphi = \frac{1-\varepsilon_0}{1-Y_p} \tag{5-4}$$

$$Y_p = \frac{1-(1+0.9d_m/d_c)(1-\varepsilon_0)}{2-(1+0.9d_m/d_c)(1-\varepsilon_0)} \tag{5-5}$$

式中：d_m——微细胶凝材料的平均直径；

d_c——水泥颗粒的平均直径；

ε_0——单一水泥材料堆积时的孔隙度，假定为 0.45。

可以将掺有矿物微粉的水泥看成是一个二元系统，欧阳东用二元模型进行二元系的最大堆积密度和最大堆积密度时的矿物微粉体积分数预测，得出矿物微粉的最佳直径在 1～3μm，矿物微粉的体积分数为 0.18～0.27，对于和水泥密度接近的矿物微粉，其最佳的掺量为 18%～27%。对于多组分颗粒混合体系，Mooney、De. Larrard 等提出了线性堆积模型（Linear Packing Density Model of Grain Mixture）和固体悬浮模型（Solid Suspension Model），固体悬浮模型堆积密度的隐式方程如下：

$$\eta_r^{ref} = \exp\left[\int_d^D \frac{2.5Y(t)}{1/C - 1/C(t)}dt\right] \tag{5-6}$$

$$C(t) = \frac{\beta(t)}{1 - \int_d^t y(x)f(x/t)dx - [1-\beta(t)]\int_t^D y(x)g(t/x)dx} \tag{5-7}$$

$$\eta_r^{ref} = \exp\left[\frac{2.5}{\dfrac{1}{\alpha(t)} - \dfrac{1}{\beta(t)}}\right]$$

$$\frac{1}{\beta(t)} = \sum_{i=1}^{N} \frac{y_i(t)}{\beta_i(t)}$$

$$f(z=x/t) = 0.7\times(1-z) + 0.3\times(1-z)^{12} \quad \text{松散效应函数}$$

$$g(z=x/t) = (1-z)^3 \quad \text{墙壁效应函数} \tag{5-8}$$

式中：η_r^{ref}——随机堆积颗粒的黏滞系数；

C——颗粒混合物的堆积密度；

$C(t)$——颗粒混合物 t 级的堆积密度；

t——颗粒直径；

d、D——颗粒混合物的最小和最大直径；

$y(t)$——颗粒混合物按体积比的尺寸分布函数（总积分为 1）；

$f(t)$——松散效应函数；

$g(t)$——墙壁效应函数；

$\beta(t)$——非随机分布的堆积颗粒的有效比堆积密度；

$\alpha(t)$——随机分布的堆积颗粒的有效比堆积密度。

该模型考虑了整个体系的颗粒粒径分布，不是简单的用平均粒径代替全粒径分布；同时还考虑到堆积密度受大、小颗粒相互充填作用——墙壁效应和松散效应的影响；考虑固体颗粒在一定稠度条件下的悬浮状态，更符合实际堆积情况。利用这一模型，可以对混合物不同组分的配比进行预测。图 5.17 为线型堆积模型示意图，图 5.18 为含水化膜颗粒的紧密堆积示意图。

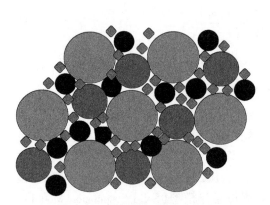 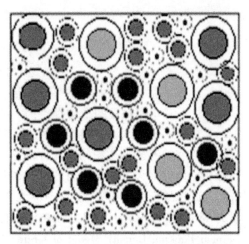

图 5.17　线型堆积模型示意图　　　　图 5.18　含水化膜颗粒的紧密堆积示意图

为了求解上述隐式方程，必须要确定有效比堆积密度 $\alpha(t)$ 和体系各组分的粒度分布关系。对于 $\alpha(t)$ 有两种方法，其中之一：

$$\alpha(t) = 0.39 + 0.022\ln t \tag{5-9}$$

在已知水泥干混合组分的组成和粒度分布后，就可以进行堆积密度的计算。

另外，还应该指出高性能水泥浆技术不应只从紧密堆积模型数理模式考虑问题，而应把其他物理化学因素综合进行考虑，如颗粒的形状、致密程度、化学性能、光滑度、水膜厚度，吸附性能、颗粒尺寸等，尤其是材料的颗粒形状、表面性能和化学性能直接影响水泥浆的施工性能和水泥的水化反应，相邻充填细微胶凝材料的尺寸 d_{m50} 应在被充填材料颗粒尺寸 d_{m50} 的 1/10～1/2.5 范围内（d_{m50} 为颗粒累计体积分数为 50% 处的颗粒直径）。

（4）高温增强材料的研究。

针对安岳气田高石梯—磨溪区块高压深井 177.8mm 尾管固井存在的封固段长、安全密度窗口窄、温度高、温差大、水泥浆密度高等难题，需在水泥浆体系中加入外掺料和外加剂以改善水泥浆体系的综合性能。水泥浆在高温条件下养护易出现强度衰退现象，这将严重影响水泥石的力学性能，尤其是在热应力和交变应力条件下，水泥石会因脆化和应力集中而发生结构破坏，致使环空水泥环密封失效，发生气窜严重者会造成整井报废。所以，必须采取措施改善水泥石的高温强度衰退等不利因素。通常，在水泥浆体系中加入硅粉以增加体系的硅钙比，从而改善或解决水泥石高温衰退的问题。一般采用目数为 240 目左右的硅粉，但该硅粉在高密度水泥浆体系中由于粒度比较大会一定程度影响水泥浆的高温稳定性和抗压强度。因此，本项目通过油井水泥增强材料的高温增强机制分析，其主要包括：抑制无胶结相晶体增强、促进纤维、柱状晶体增强、促进胶结相晶体增强、消除高温晶相的应力集中等，依据最紧密堆积原理和水泥石水化机理，而开发出了一种高温强度增强材料，该物质的粒径为 2400 目左右，比表面积大，活性较高，可有效填充在水泥颗粒间的缝隙中，从而提高水泥石微观结构的致密性（图 5.19），宏观上表现为提高水泥石的抗压强度，且可有效防止水泥石高温强度衰退，代号为 DRB-2S。

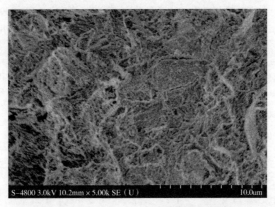

图 5.19　DRB-2S 水泥石微观结构图

　　研究了不同温度下高温增强剂 DRB-2S 对水泥石抗压强度的影响，结果见表 5.20，从表中结果可知，不含高温增强剂的水泥浆抗压强度在高温条件下存在衰退现象，而含有高温增强材料的水泥浆体系在不同温度下的水泥石强度均无衰退，故从水泥石抗压强度性能以及固井水泥浆体系的工业成本方面综合考虑，高温增强材料 DRB-2S 的推荐较优加量为油井水泥的 25%。

表 5.20　DRB-2S 对水泥石强度的影响

DRB-2S 加量(%)	养护温度(℃)	2d 抗压强度(MPa)	7d 抗压强度(MPa)	备注
0	120	46.5	28.6	强度衰退严重
25	80	24.2	40.8	无衰退
25	90	30.2	43.5	无衰退
25	120	54.3	62.7	无衰退
25	150	53.8	58.6	无衰退
25	180	64.9	>80	无衰退
30	180	68.1	>80	无衰退
35	180	72.4	>80	无衰退
35	200	76.8	>80	无衰退

　　注：水泥浆基础配方：G 级油井水泥(HSR)+高温增强材料+水，水泥浆密度 1.90g/cm³。

5.2.2　高密度膨胀韧性防窜水泥浆体系及其性能

　　以加重材料(铁矿粉、精铁矿粉、赤铁矿等)、高温增强材料、膨胀增韧材料以及大温差外加剂(缓凝剂和降失水剂)等外加剂为基础，对高密度水泥浆体系的综合性能进行评价，以 2.35g/cm³ 和 2.40g/cm³ 密度水泥浆为例，结果见表 5.21 和表 5.22 所示。从表中数据可以看出，对于不同密度的水泥浆体系而言，水泥浆易配制、流变性能好、浆体高温稳定、失水量小、稠化过渡时间短、强度发展快，且水泥浆稠化时间可通过调整缓凝剂加量进行有效调节；此外，该水泥浆体系的稠化时间对温度和密度变化不敏感，且在大温差条件下水泥浆柱顶部强度发展迅速，弹性模量低，故该高密度膨胀韧性防窜水泥浆体系综合性能优良，能够满足固井作业要求。

表 5.21 2.35g/cm³水泥浆综合性能评价

水泥浆基础配方	470g 夹江 G 级+20g 高温增强材料+97g 铁矿粉+DRE-300S+DRF-120L+缓凝剂+0.9%微硅+DRS-1S+DRK-3S+DRX-1L+DRX-2L+水					
试验条件	105℃×50min×100MPa				井底温度(℃)	135
	代号	缓凝大样	缓凝110℃高点停机30min	缓凝密度高点2.40g/cm³	快干大样	快干110℃高点停机30min	快干密度高点2.40g/cm³
配方(%)	DRE-300S	6	6	6	6	6	6
	DRF-120L	2.3	2.3	2.3	2.3	2.3	2.3
	缓凝剂	2.7	2.7	2.7	0.4	0.4	0.4
	微硅	0.9	0.9	0.9	0.9	0.9	0.9
	DRS-1S	1.2	1.2	1.2	1.2	1.2	1.2
	DRK-3S	0.9	0.9	0.9	0.9	0.9	0.9
	DRX-1L	0.5	0.5	0.5	0.5	0.5	0.5
	DRX-2L	0.5	0.5	0.5	0.5	0.5	0.5
密度(g/cm³)		2.35	2.35	2.35	2.35	2.35	2.40
4000r 的下灰时间(s)		31	31	31	31	28	28
液固比(%)		0.295	0.295	0.295	0.295	0.295	0.295
常温流动度(cm)		21	21	21	21	21	21
95℃高温流动度(cm)		22	22	22	22	22	22
失水(6.9MPa)(mL/30min)		24	24	24	24	24	24
游离液含量(%)		0	0	0	0	0	0
初始稠度(Bc)		23.8	13.8		13.8	27	27
40BC 稠化时间(min)		367	374	–	172	132	142
100BC 稠化时间(min)		372	381	–	176	138	146
24h 强度(MPa)		7.6	8.4	10.6	13.7		15.8
48h 强度(MPa)		16.8	17.9	21.8	26.4		28.9
弹性模量(7d)(GPa)		6.58					

表 5.22 2.40g/cm³水泥浆综合性能评价

水泥基础配方	460g 夹江 G 级+20g 高温增强材料+110g 铁矿粉+DRE-300S+DRF-120L+缓凝剂+0.9%微硅+DRS-1S+DRK-3S+DRX-1L+DRX-2L+水						
试验条件	101℃×110MPa×50min					井底温度(℃)	129
	代号	缓凝大样	缓凝温度高点停机106℃停机30min	缓凝密度高点2.43g/cm³	快干小样	快干温度高点停机106℃停机30min	快干密度高点2.43g/cm³	快干升降温
配方(%)	铁矿粉 7.20g/cm³	110	110	110	110	110	110	110
	DRB-2S	20	20	20	20	20	20	20
	DRE-300S	6	6	6	6	6	6	6
	DRF-120L	3.2	3.2	3.2	3.2	3.2	3.2	3.2
	缓凝剂	2.7	2.7	2.7	0.55	0.55	0.55	0.55

配方	代号	缓凝大样	缓凝温度高点停机106℃停机30min	缓凝密度高点2.43g/cm³	快干小样	快干温度高点停机106℃停机30min	快干密度高点2.43g/cm³	快干升降温
配方(%)	微硅	1.5	1.5	1.5	1.5	1.5	1.5	1.5
	DRS-1S	1.1	1.1	1.1	1.1	1.1	1.1	1.1
	DRK-3S	1.3	1.3	1.3	1.3	1.3	1.3	1.3
	DRX-1L	0.5	0.5	0.5	0.5	0.5	0.5	0.5
	DRX-2L	0.5	0.5	0.5	0.5	0.5	0.5	0.5
	水	69	69	65.5	69/70.5	69/70.5	67/68.5	69/70.5
密度(g/cm³)		2.40	2.40	2.43	2.40	2.40	2.43	2.40
4000r的下灰时间(s)		30	30	33	28	28	32	28
液固比(%)		0.30	0.30	0.295	0.30	0.30	0.295	0.30
常温流动度(cm)		19	19	18	19	19	18	19
95℃高温流动度(cm)		21	21	20	21	21	19	21
失水(6.9MPa)(mL/30min)		24	24	22	24	24	22	24
游离液含量(%)		0	0	0	0	0	0	0
初始稠度(Bc)		22	21	23	24	24	26	24
40BC 稠化时间(min)		342	267	261	171/170	150/168	156/168	250/
100BC 稠化时间(min)		352	277	271	181/180	157/175	163/175	262/
24h 强度(MPa)					14.3			
48h 强度(MPa)		13.8						
弹性模量(7d)(GPa)		6.63						
备注：水泥浆的停机实验、升降温实验均按照固井设计要求进行实验								

5.2.3 现场应用

截至 2014 年年底，西南油气田油气勘探主力区块安岳气田磨溪—高石梯气井 177.8mm 尾管固井质量普遍较差，平均优质率 22.4%，合格率仅为 42.7%。针对这一技术难题，通过先后对高磨地区多口井 177.8mm 尾管开展固井现场试验，应用该膨胀韧性防窜水泥浆体系，使固井质量得到显著的改善。为气井后续工程措施和开发生产等安全、顺利开展奠定了基础。

5.3 页岩气柔性自应力水泥浆技术

本节通过调研国内外资料并借鉴川渝地区前期页岩气固井现有技术及分析页岩气固井存在的问题，结合威远—长宁页岩气钻完井特点及地质特征，开展了页岩气柔性自应力水泥浆技术研究，形成了适应于规模化开发下成熟的页岩气井固井水泥浆技术，促进了页岩气井勘探开发的进程。

5.3.1 威远—长宁页岩气水平井固井难点及特点

21世纪以来，世界经济进入新的发展周期，各国对石油天然气资源的需求直线上升[9]。面对巨大的能源需求，世界油气产能建设和生产却相对不足，国际石油公司开始重视非常规石油天然气业务，BP、Shell、Exxonmobil、Statoil等跨国石油公司纷纷进入非常规油气业务。据统计，世界页岩气的资源量为 $636.283 \times 10^{12} m^3$，相当于煤层气和致密砂岩气的总和。主要分布在北美、中亚和中国、中东和北非、拉丁美洲、原苏联等地区。页岩气研究较早开始于美国，在页岩气开发技术方面走在世界前列，已探索出大位移水平井钻井及固井、水平井多段压裂技术、清水压裂技术和同步压裂技术等先进的钻完井技术。我国页岩气藏资源量丰富，随着常规天然气资源的不断枯竭，页岩气等非常规天然气资源正成为开发的热点。据有关专家估计四川盆地仅寒武系九老洞组和志留系龙马溪组的页岩气资源就可以与四川盆地的常规天然气资源总量相媲美。页岩气勘探开发技术已经成为石油行业研究热点。

5.3.1.1 威远—长宁区块页岩气水平井钻完井主要特点

威远—长宁页岩气页岩气低孔低渗，易垮塌等多重特性，决定了钻井工程的艰难，是勘探开发成功的关键[10]。页岩气钻井先后经历了直井、单支水平井、多分支水平井、丛式井、PAD水平井钻井（丛式水平井）的发展历程[11]。目前，水平井已成为页岩气开发的主要钻井方式，但由于页岩地层裂缝发育，长水平段（1200m左右），钻井中易发生井漏、垮塌等问题，造成钻井液大量漏失、卡钻、埋钻具等工程事故。威远—长宁页岩气龙马溪组与筇竹寺脆性指数为50~60，属于极易垮塌地层。为抑制页岩水化膨胀，产层段均采用油基（合成基）钻井液钻进，同时页岩气藏井壁稳定性差，钻遇地层坍塌、垮塌均采用提高井浆密度维持井壁稳定。如NH2-4井完钻泥浆密度为 $2.15g/cm^3$。

（1）威远—长宁页岩气井身结构。

W201-H1、W201-H3、N201-H1井244.5mm套管分别下至500m、1573m、1636m，页岩215.9mm裸眼井段均在2000m以上，漏、喷、垮同存，施工周期长，页岩浸泡时间长，不利于井眼清洁和井眼稳定，加剧了复杂情况，也不利于加快钻井速度。随着对页岩气地质构造认识不断加深，井身结构修改为四开四完水平井。技术套管下至龙马溪优质储层层顶，封隔龙潭垮塌层和二叠系低压层，三开后开始造斜。目前为降低水平段作业难度，进一步改进井身结构，技术套管下至龙马溪优质储层层顶，缩短三开作业时间，快速通过水平段，减小作业复杂情况发生。

（2）威远—长宁区块页岩气井钻井液情况。

国内页岩气井钻至大斜度段或水平段时，通常使用较高动塑比的高密度油基钻井液。以NH2-4井为例，钻至大斜度段及水平段时，将井内钻井液置换为油基钻井液。其基本组成包括了白油、氯化钙、石灰、乳化主剂、乳化助剂、润湿剂、封堵剂、降滤失剂、增黏剂、重晶石等。白油毒性小、污染低、黏度不高，是油基钻井液理想基油。氯化钙作用是控制水相活度，增加有效离子浓度，防止页岩中土相成分吸水膨胀，通常钻井液中氯根含量在50000mg/L以上。石灰主要用于调节pH值，同时提供的钙离子有利于二元金属皂的生成，从而保证所添加的乳化剂可充分发挥其效能，也可防止地层中酸性气体对钻井液的污染。乳化主剂与乳化辅剂协同作用，保证浆体性能稳定，油相与水相均匀混合。两种乳化剂构成的膜比单一乳化剂的膜更为结实，强度更大，表面活性大大增强，液相间更不易聚结，形成的乳状液就更加稳定。乳化主剂主要形成膜的骨架。乳化辅剂，HLB 值一般大于 7，可使乳化主剂更为稳定，增加外相黏度。润湿剂是具有两亲作用的表面活性剂，分子中亲水的一端与固体表面有很强的亲和力。润湿剂的加入使刚进入钻井液的重晶石和钻屑颗拉表面迅速转变为油湿，从而保证它们能较好地悬浮在油相中。封堵剂作用是提高地层承压能力，同时降低滤失量，保证井眼条件具备采用高密度钻井液钻进的能力。采用增黏剂而不使用有机土是哈里伯顿油基钻井液的一大特色。它能有效提高表观黏度和动切力，保证体系稳定性，同时对塑性黏度影响较小，有利于悬浮岩屑。长宁区块页岩气典型油基钻井液性能见表 5.23。为保证岩屑悬浮，清除大斜度段及水平段砂屑，防止岩屑床形成，同时为了平衡地层坍塌压力，钻井液密度、黏切力相对较高。油基钻井液流变性通过加入油相调节，但效果不佳，对固井顶替提出了较高要求。

表 5.23   长宁区块页岩气典型油基钻井液性能

$\rho(g/cm^3)$	$T(s)$	失水	YP	切力	EST	$AV(mPa \cdot s)$	$PV(mPa \cdot s)$
1.81	80	1	18	6.5/9	410	85	67
$\varphi 600$	$\varphi 300$	$\varphi 200$	$\varphi 100$	$\varphi 6$	$\varphi 3$	$Ca^{2+}(mg/L)$	$Cl^-(mg/L)$
170	103	78	50	15	12	10000	56000

（3）威远—长宁区块页岩气井钻井特殊情况。

① 井壁稳定性差，垮塌严重。通过 X 射线衍射分析长宁-威远页岩气井龙马溪组典型取心资料，页岩矿物组分主要以石英矿物、黏土矿物及碳酸盐岩矿物为主，其中石英矿物含量占 43.41%，黏土矿物含量占 22.52%，碳酸盐岩矿物含量占 16.67%。力学性能测试实验表明，岩石脆性指数超过 50（图 5.20），同时页岩储层本身水平层理面发育，页岩岩性较脆，易顺层理面脆裂，因此在水平段钻进过程中，由于页岩层坍塌压力较高，易出现井壁失稳坍塌。页岩气井水平段稳定性差，易造成井径不规则扩大，水平段钻进过程中钻柱对井壁也会产生刮划破坏作用。不规则的流道，不利于后期固井顶替施工作业。

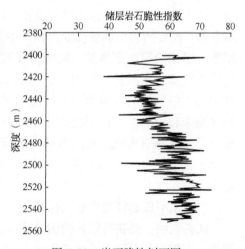

图 5.20   岩石脆性剖面图

② 部分层位漏失严重。部分地区茅口、栖霞组井漏存在不确定性，钻遇裂缝可能出现严重井漏。例如 W201-H1 井龙潭组 973.00~975.00m 和栖二段 1299.00~1300.04m 渗透层发生较严重漏失，经过处理恢复正常。完钻后作承压试验时井漏失返，起钻完，下至 H468.15m 注堵漏泥浆 17.5m³ 出口未返，替入泥浆 1.5m³ 见返，关井候堵，循环漏速 12m³/h。

③ 井眼轨迹控制问题。页岩气水平井造斜点浅，井壁稳定性差；储层龙马溪组易垮塌，井径变化大，扭矩规律性不强；同时定向工具面摆放困难。三者造成井眼轨迹控制困难。

④ 钻进过程易出现气侵。

5.3.1.2　页岩气固井难点分析及对固井质量要求

基于上述页岩气开发的特点，其固井难点和对固井质量要求主要包括以下几点：

（1）油基钻井液清除困难。

页岩气钻井使用了油基钻井液，这就造成形成井眼的滤饼表面具有一层油膜，井壁和滤饼表面本身就是一种高能表面，水在其表面可以自动铺展，但是表面黏附一层油膜后使其变为低能表面，水与低能表面界面张力大，不能很好地被水所润湿铺展，即油膜与水泥环（亲水的）存在高的界面张力，水泥浆是极性溶液，而油是非极性溶液，不能很好地胶结在一起，严重影响界面胶结质量[12]。实验结果也佐证了此观点，油湿界面条件下，水泥石将丧失大部分胶结强度，水泥浆中混入 5% 油基钻井液后，水泥石长期不凝固。

基于以上原因，为保证良好的固井质量，与常规水基钻井液条件固井相比，对固井顶替效率提出了更高的要求。

（2）水泥浆与油基泥浆兼容性差。

乳化剂和润湿剂是油基钻井液重要处理剂。乳化剂是乳状液的稳定剂，当它分散在分散介质的表面时，形成薄膜或双电层，使分散相带有一定的电荷，从而阻止分散相的小液滴相互凝结，形成较为稳定的乳状液。一般通过辅助乳化剂与主乳化剂复配后不同的乳化剂分子之间相互作用形成密堆复合膜，强度更大，油水两相不易自动聚集。全油基钻井液不含水，需要的乳化剂量较少。体系中加入乳化剂后可以吸附于固体颗粒表面形成亲油基团，形成油膜稳定体系，同时依靠胶团间分子的引力连接形成具有一定强度的结构，使体系获得一定的黏度和切力并降低滤失量。润湿剂是具有两亲结构的表面活性剂，分子中亲水的一端与固体表面有很强的亲和力。润湿剂分子的一端通过化学键力、极性与极性间亲和力等综合作用吸附于重晶石表面，即化学吸附作用；另一端吸附油中的烃类分子，使重晶石表面形成束缚油分子层。重晶石表面转为亲油后受到白油的浮力在一定程度上抵消了自身的部分重力，悬浮性和分散性大大提高，从而保证了体系的沉降稳定性。

（3）水平段套管居中难以保证。

研究表明，要获得较好的固井质量，套管居中度应大于 67%。水平井的井斜角大，套管重，套管在井下呈水平状态，故在重力作用下套管往往偏向下井壁，套管柱与井壁的间隙很小，居中度差，导致宽窄间隙处流速分布极不均匀，顶替效率不高。因此套管不居中是水平井固井质量不高的原因之一[13]。

（4）后期增产作业易造成水泥石破坏。

页岩气低渗低孔，气藏致密，后期需要进行多层增产改造，对水泥环密封性要求高。而后期压裂作业液压高，水泥环易受破坏，常导致后期气体泄漏，环空带压，影响油气安全开采。如何保证水泥石长期完整性，是亟需解决的技术难题。

长宁区块累计完钻 7 口井，共有 4 口井 7 个套管层次发生不同程度气窜（表 5.24）。其中，N203 在完成试油后 B 环空（油层套管与技术套管之间）与 C 环空（技术套管与表层套管之间）检测到气窜现象，N201-H1 井 B 环空试油期间外环空最高压力 7.0MPa，放空天然气回收期间压力达到了 22MPa，N209 井 B 环空和 C 环空在压裂前、后均发现套压异常，N210 井在压裂后窜气，B 环空套压达到 6MPa。

表 5.24 4 口井各套管层次环空带压情况统计

井号	套管尺寸(mm)	早期气窜	后期气窜
N203 井	339.7	未发现	未发现
	244.5	未发现	试油后,外环空最高压力 3.0MPa
	139.7	未发现	试油后,外环空最高压力 8.0MPa
N201-H1 井	339.7	未发现	未发现
	244.5	未发现	未发现
	139.7	固井套管整压候凝 12h,最高达 30MPa,泄压后,环空窜气,放一段时间后套管头不带压	试油期间:外环空最高压力 7.0MPa,放空天然气回收期间:22MPa
N209 井	339.7	未发现	未发现
	244.5	未发现	压裂前:外环空最高压力 7MPa。压裂后:外环空最高压力 6MPa
	139.7	未发现	压裂前:外环空最高压力 7MPa。压裂后:外环空最高压力 24.5MPa
N210 井	339.7	未发现	未发现
	244.5	未发现	未发现
	139.7	未发现	压裂前:未发现。压裂后:套管头套压 6MPa

5.3.2 柔性自应力水泥浆体系优选及评价

针对上述页岩气固井面临的难题,本章重点从后期增产作业易造成水泥石破坏出发,开展针对性的柔性自应力水泥浆体系—适合于页岩气固井的微膨胀韧性水泥浆体系优选及评价。

国外意识到良好的固井胶结质量和水泥石性能是页岩气井长期生产寿命和水力压裂有效性的重要保证[14]。页岩气井水泥浆设计不仅要考虑层间封隔和支撑套管,而且要考虑到后续的压裂增产措施。页岩气固井要求水泥浆稳定性要好、无沉降,不能在水平段形成水槽;失水量小,储层保护能力好;具有良好的防气窜能力,稠化时间控制得当;流变性控制合理,顶替效率高;水化体积收缩率小等。水泥石属于硬脆性材料,形变能力和止裂能力差、抗拉强度低。页岩气水平井的储层地应力高且复杂,套管居中度低引起水泥环不均匀,射孔和压裂施工时水泥环受到的冲击力和内压力大,这些因素易引起水泥环开裂破坏。被破坏后水泥环将失去层间封隔和保护套管的作用,将严重影响压裂效果和产能。因此,页岩气井固井不仅要求水泥环有适宜的强度,而且要有较好的抗冲击能力和耐久性,在井的整个生命周期中都能保证力学完整性。此外高温高压条件下,地层腐蚀介质对水泥石的长期腐蚀也是需要重视的一个问题。

5.3.2.1 微膨胀韧性水泥浆设计思路

国外页岩气水平井通常采用泡沫水泥固井技术。由于泡沫水泥具有浆体稳定、密度低、渗透率低、失水小、抗拉强度高等特点,因此泡沫水泥有良好的防窜效果,能解决低压易漏长封固段复杂井的固井问题,而且水泥侵入距离短,可以减小储层损害。根据国外经验，泡沫水泥固井比常规水泥固井产气量平均高出23%。此外，还采用酸溶性水泥固井技术，通常用于需进行限流水力压裂的水平井段固井。酸溶性水泥在酸基增产液中有很快的溶解速率和很高的溶解度（90%），容易从地层孔隙中清除。如果施工需要，酸溶性水泥也可发泡成为低密度的水泥浆。

威远—长宁目前采用 2.10~2.30g/cm³ 油基钻井液体系，结合地区特点，针对水平井要求稳定性要好、无沉降，不能在水平段形成水槽；失水量小特点及后期大型分段压裂对水泥石力学性能特殊要求，开发了一套微膨胀韧性水泥浆体系，实践证明该体系满足了后期开采的需求。

（1）膨胀水泥浆体系。

Sabins 将水泥浆体的体积收缩（HVR）分为两部分：塑性体收缩和硬化体收缩。在养护120h 后 HVR 超过 5%，其中发生在初凝前的最大塑性收缩量占 HVR 的 0.5%，而硬化体收缩则占 HVR 的 95%。HVR 的 90% 以上是在水泥浆的强度达到 ASTM 终凝值（0.14MPa）之后。水泥浆体体积的减少主要发生在过渡时间结束以后，即水泥浆体的收缩主要发生在终凝以后（表 5.25）。水泥浆体的收缩伴随着水泥石孔隙率的增大，对于水泥石的渗透率（抗腐蚀能力）和抗压强度（胶结性能）均有不良的影响。

水泥浆体的收缩必然要影响到水泥石的孔结构。通常，当浆体处于塑性状态时，外部体积收缩是总体积收缩的主体。当水泥浆体产生强度后，外部体积收缩只是总体积收缩的一部分，其内部收缩则导致水泥石孔隙率增大。采用高抗硫 G 级油井水泥，在温度为 29~84℃、压力为 0.1~4MPa 条件下对水泥浆的总体积收缩与孔结构的深入研究后发现：水泥石水化过程中由于内部收缩形成的孔隙全部是连通孔，严重地影响水泥石的渗透率，增大了气窜的可能性。当水化温度≥80℃时大孔明显增加，而增加养护压力只会使收缩延迟而不能抑制收缩。

此外，随温度和水灰比的增加，水泥石的收缩量增大，孔隙率也随之增大。当温度由21℃增加到38℃时，其收缩量增加一倍；而当水灰比由 0.35 增加到 0.65 时，水泥石 28d 的最可几孔径分别由 0.45nm 和 55nm 增加到 10.5nm 和 210nm。总之，水泥浆体的收缩伴随着水泥石孔隙率的增大，对于水泥石的渗透率（抗腐蚀能力）和抗压强度（胶结性能）均有不良的影响。

表 5.25　油井水泥浆体的线性膨胀值　　　　　　　　　　　　　　（%）

编号		1	2	3	4	5	6	7	8	9	10
水泥类型		G	G	G	G	G	G	H	G	G	G
温度（℃）		20	20	50	52	70	77	77	85	90	121
压力（MPa）		0.1	4.0	0.1	4.0	4.0	0.1	0.1	0.1	0.1	54.0
膨胀值（%）	初凝	-0.5	-1.8	—	-1.4	-1.8	—	—	-4.3	-4.5	—
	24h	-3.0	-3.5	-2.9	-1.4	-6.0	-4.0	-3.1	—	—	-2.1
	48h	-5.2	-4.9	—	—	—	—	—	—	—	-2.2
	72h	-7.2	—	—	-2.7	—	—	—	—	—	-2.7

水泥浆硬化后环空水泥石体积的收缩不仅使界面胶结不良而出现微环隙，同时，还由于水泥石内微缝隙的增多而引起水泥石整体性能下降。为解决水泥石硬化体积收缩问题而开发出一系列膨胀水泥或膨胀剂。膨胀水泥即在水泥浆凝固时产生轻度体积膨胀的水泥体

系。它可以封闭环空微隙，改善水泥环与套管、地层的界面胶结状况。由于化学反应，水泥体积膨胀产生的化学预应力增强了环空与套管、地层的胶结力，即使钻井液顶替不够理想也可获得较好的界面胶结。

目前膨胀水泥主要有钙矾石类、氧化镁体系、氧化钙复合体系、高铝水泥膨胀体系。硅酸盐膨胀水泥石水化时产生膨胀的原因，主要是由于水泥中铝酸盐和石膏与水化合，生成钙矾石。根据油井固井用膨胀水泥和膨胀剂中膨胀源的化学性能作如下分类：①硫铝酸钙类；②氧化钙类；③氧化镁类；④复合膨胀剂；⑤铝粉类。

（2）韧性水泥浆体系。

水泥浆凝固后是脆性材料，在油气井固井后的试采作业中，水泥环受射孔弹聚能射流的作用，在瞬间要承受很高的冲击压力，受钻铤碰撞或其他强外力作用时，套管会将沿径向和轴向膨胀，轴向力将在水泥环胶结界面上产生剪切应力，引起界面破坏或使水泥环产生径向破裂。

研究表明，常规水泥环在产生破裂前只能承受 2～10 个应力循环周期，而纤维水泥体系可承受几万个应力循环周期。纤维水泥抑制裂缝发生的能力比无纤维的对比试件要高90%～100%，水泥石的渗透系数可降低 33%～44%，变形能力增加 10%，并有明显的抗冲击能量吸收作用。

纤维材料不仅具有可以提高井下环空内钻井液的携带能力，清洁井壁、提高顶替效率，而且还可以改善水泥石的微观结构，对水泥环的抗拉强度、抗冲击功、胶结强度及套管试压、射孔时出现的裂纹现象都有所改善。

5.3.2.2　微膨胀韧性水泥浆功能外加剂优选

（1）膨胀剂的筛选。

目前常用的膨胀源包括了硫铝酸盐、方镁石(氧化镁)和方钙石(氧化钙)。其膨胀过程遵循了"溶解—析晶—再结晶"这种无机盐的结晶规律。选用以下膨胀剂作对比试验，结果见表 5.26，试验条件：52℃×0.1MPa。

表 5.26　膨胀水泥浆常规工程性能及线性膨胀率

配方	1#	2#	3#	4#	5#	6#	7#	8#	9#
膨胀剂加量（%）	2	4	6	1	3	5	1	3	5
析水（%）	0	0	0	0	0.2	0	0	0	0
流动度（cm）	22	19	16	23	20	18	23	21	17
终凝时间（min）	270	230	220	260	270	280	270	260	290
3d 线性膨胀率（%）	0.036	0.039	-0.076	0.012	0.006	0.007	0.006	-0.025	-0.025
7d 线性膨胀率（%）	0.038	0.073	-0.002	-0.011	0.014	0.036	-0.087	-0.075	-0.16

配方：1#：嘉华 G 级水泥+5%降失水剂 1#+2%膨胀剂 1#+0.2%消泡剂，$w/c=0.44$；

2#：嘉华 G 级水泥+5%降失水剂 1#+4%膨胀剂 1#+0.2%消泡剂，$w/c=0.44$；

3#：嘉华 G 级水泥+5%降失水剂 1#+6%膨胀剂 1#+0.2%消泡剂，$w/c=0.44$；

4#：嘉华 G 级水泥+5%降失水剂 1#+1%膨胀剂 2#+0.2%消泡剂，$w/c=0.44$；

5#：嘉华 G 级水泥+5%降失水剂 1#+3%膨胀剂 2#+0.2%消泡剂，$w/c=0.44$；

6#：嘉华 G 级水泥+5%降失水剂 1#+5%膨胀剂 2#+0.2%消泡剂，$w/c=0.44$；

7#：嘉华 G 级水泥+5%降失水剂 1#+1%膨胀剂 3#+0.2%消泡剂，$w/c=0.44$；

8#：嘉华 G 级水泥+5%降失水剂 1#+3%膨胀剂 3#+0.2%消泡剂，$w/c=0.44$；

9#：嘉华 G 级水泥+5%降失水剂 1#+5%膨胀剂 3#+0.2%消泡剂，$w/c=0.44$。

由表 5.26 可知：①膨胀剂 1#中含有促使水泥产生膨胀的 Ca^{2+}、SO_4^{2-} 和 Mg^{2+}、Ca^{2+} 和 SO_4^{2-}，在水泥石水化早期形成钙矾石发生体积膨胀，而在后期方镁石将发生缓慢水化与膨胀。②膨胀剂 3#是方镁石（氧化镁）类膨胀剂。氧化镁水化后生成氢氧化镁，当氢氧化镁结晶程度较小时，吸水膨胀占优，成为主要的膨胀动力来源，而当氧化镁结晶程度较大时，产生结晶压力，推动固相颗粒向外膨胀。③膨胀剂 2#主要成分是方钙石（氧化钙）、石膏、氧化铝等，其主要成分促进水泥中的钙矾石及氢氧化钙水化生成氢氧化钙的生成，当水泥石形成一定强度后，晶格的生长受限，化学能转变为机械能，晶体微粒向外推动临近水泥石水化产物做功，表现为宏观体积膨胀。

以膨胀剂 1#、膨胀剂 2#、膨胀剂 3#作为膨胀剂的 9 套水泥浆体系常规工程性能及线性膨胀率见表 5.27。1#~3#水泥浆使用膨胀剂 1#作为膨胀剂，随着膨胀剂 1#加量增加，水泥浆流动度下降，终凝时间缩短，表明膨胀剂 1#具有一定促凝效果。当加量达到 6%后（如 3#水泥浆），水泥浆流动性差，水泥石终凝后 3d 和 7d 总体积出现收缩。4#~6#水泥浆使用膨胀剂 2#作为膨胀剂，随着膨胀剂 2#加量增加，水泥浆流动度下降，当膨胀剂 2#加量达到 5%后（如 6#水泥浆），对水泥浆凝结时间产生明显负面影响。D7#~9#水泥浆体系使用膨胀剂 3#作为膨胀剂，随着 3#膨胀剂加量增加，水泥浆流动度下降。3#膨胀剂在 52℃温度下短期内没有起到膨胀作用。

通过分析不同膨胀剂类型及加量对水泥浆常规性能及线性膨胀率的影响，综合考虑 9 套水泥浆体系流动度、终凝时间、线性膨胀率，优选出 1#、2#、4#、5#、7#、8#这 6 套水泥浆体系及纯水泥开展高温高压总体积收缩试验，试验结果见表 5.27。

表 5.27　水泥浆总体积收缩试验结果

配方	0#	1#	2#	4#	5#	7#	8#
初凝时刻	1:44	1:34	1:23	1:29	1:47	1:46	1:28
初凝时体积收缩率(%)	0.15	0.28	0.36	0.17	0.14	0.13	0.18
终凝时刻	3:04	2:46	2:48	2:57	3:02	2:55	3:19
终凝时体积收缩率(%)	0.76	0.97	1.27	0.86	0.74	0.73	0.81

0#水泥浆配方：嘉华 G 级水泥+5%降失水剂 1#+0.2%消泡剂 1#，$w/c=0.44$。试验条件：52℃×20MPa。

加入膨胀剂 1#、膨胀剂 2#和膨胀剂 3#的 6 套水泥浆并没有表现出塑性膨胀，初终凝时总体积收缩率基本与不含膨胀剂的水泥浆一致。其中以膨胀剂 1#作为膨胀剂的 1#和 2#水泥浆虽然在常压下养护 3d 和 7d 表现出一定的线性膨胀率，但在 52℃×20MPa 试验条件下，仅检测到膨胀剂 1#所产生的促凝效果（初终凝时间见表 5.27，早于纯水泥）及对体积收缩带来的负面作用。1#和 2#水泥浆初终凝时的体积收缩均高于纯水泥浆，可能由于膨胀剂水化一方面使固相体积增大的同时，另一方面消耗掉了自由水，增加了水泥浆孔隙体积，当后者起主要作用时，即表现为更高的体积收缩率。以膨胀剂 2#作为膨胀剂的 4#和 5#水泥浆，其膨胀作用主要发生在 3d 后，早期晶体结晶生长数量有限，充填于孔隙之中，使水泥石结构致密，而不发生体积膨胀。7#和 8#水泥浆体系使用了膨胀剂 3#，水化及其膨胀十分缓慢，主要发生在后期，3 套水泥浆体系在终凝 7d 后总体积均发生收缩。

通过分析使用三种典型晶格型膨胀剂的 6 套水泥浆高温高压体积收缩规律发现，晶格型膨胀剂主要通过后期的结晶作用产生结晶压，推动水泥石宏观体积膨胀，而对水泥浆早期塑性体积收缩没有改善作用，膨胀剂 1#甚至增加了水泥浆塑性体积收缩，无法补偿水泥浆体积收缩造成的孔隙压力下降，对早期防气窜没有帮助。但使用了 1#、2#膨胀剂的水泥石在后期表现出一定程度微膨胀，有利于消除微环隙，提高界面胶结质量。

（2）韧性材料选择。

提高水泥韧性的方法通常是在水泥浆中加入纤维材料。纤维在水泥浆体中的主要功能是阻裂、增韧、增强、抗收缩、防腐蚀和抗渗透。其阻裂和增韧的作用机制为：在挠曲载荷作用下，提高材料形成可见裂缝时的载荷能力；在疲劳载荷作用下阻止裂缝扩展；在冲击载荷作用下对裂纹尖端应力场形成屏蔽；显著提高水泥石的断裂韧性。目前国内外建材行业和油井水泥都基于下述方法增加水泥石韧性：①在水泥浆中加入一定比例的长短纤维，如木质纤维、尼龙纤维、合成纤维、玻璃纤维等。利用纤维对负荷的传递，致使水泥石内部缺陷的应力集中减小，即增加水泥石抗冲击能力。②用聚合物水泥浆，如纤维素衍生物、树脂、胶乳或合成大分子等，由于大分子对水泥微粒之间连接作用和颗粒填充作用而增加水泥石韧性。前期实验表明：纤维与水泥的重量比例、体积比例、长径比以及分布状况等，对水泥浆的性能影响极大，对水泥石的塑性和其他力学性质也举足轻重。纤维过长、长径比过高都会影响水泥浆的失水性和流变性；纤维短、长径比过低，则水泥石韧性和其他力学性质增效甚小。在选择纤维种类和进行化学改性时，还应注意纤维与水泥界面黏接强度，它是影响水泥石力学性能的重要因素之一。川庆井下自主研发增韧剂 1#纤维增韧剂采用的纤维长度均小于 4mm，且有不同的长度分布和合适的长径比。其中含有两种不同性能复合纤维即高弹模纤维和低弹模纤维。高弹模纤在水泥石裂纹初期阻止裂纹扩展，提高水泥石抗裂性能和强度。低弹模纤维，在裂纹扩展阶段纤维提高水泥石延展性，复合纤维提高水泥石的抗裂性和延展性，增加水泥石韧性。

（3）微膨胀韧性水泥浆体系性能研究。

根据油基泥浆作业的区块的地产温度，配套了适用于中高温条件下的降失水剂 2#、分散剂 1#、缓凝剂 1#形成了微膨胀水泥浆体系。配方见表 5.28。

表 5.28　微膨韧性水泥浆配方

密度（g/cm³）	G 级（g）	铁矿粉（g）	微硅（%）	分散剂 1#（%）	增韧剂 1#（%）	膨胀剂 2#（%）	降失水剂 2#（%）	缓凝剂 1#（%）	消泡剂 1#（%）	液固比
1.90	800	0	3.0	0.6	1.5	3.0	2	0.08	0.2	0.44
2.00	750	250	2.0	0.7	1.0	3.0	2	0.08	0.2	0.40
2.10	650	350	1.5	0.8	1.0	3.0	2	0.08	0.2	0.36
2.20	550	450	1.5	0.9	1.0	3.0	2	0.08	0.2	0.33
2.30	480	520	1.5	0.9	1.0	3.0	2	0.08	0.2	0.30

按照 API 操作规范对以上配方进行了室内水泥浆综合性能测试，得到微膨胀水泥浆体系综合性能，见表 5.29。

表 5.29　微膨韧性水泥浆综合性能

密度(g/cm³)	流动度(cm)	游离液(%)	API 失水(mL)	100Bc 稠化时间(min)	48h 抗压强度(MPa)
1.90	21	0	38	252	31.3
2.00	20	0	42	211	26.3
2.10	20	0	48	231	24.5
2.20	20	0	44	258	21.4
2.30	20	0	45	254	20.2

各项施工性能满足要求，下面对密度为 2.20g/cm³ 的水泥浆配方与纯水泥配方作对比，全面考察该体系的各项性能指标。

① 水泥浆的流变性。

以 2.00g/cm³ 水泥浆为例，所测数据见表 5.30。

表 5.30　水泥浆流变性测试

转速(r/min)	600	300	200	100	6	3	η_p	τ_0
80℃	—	275	198	114	14	9	241.5	17
25℃	—	298	207	132	18	11	249	25

配方：G 级水泥+铁矿粉+微硅 1.5%+增韧剂 1#1.0%+分散剂 1#0.5%+膨胀剂 2#3.0%+降失水剂 2#2.0%+缓凝剂 1#0.04%+消泡剂 1#0.02%，$w/c=0.32$，2.20g/cm³。

② 水泥浆的稠化性能。

稠化实验条件：70℃×50MPa×40min。从稠化曲线可以看到，水泥浆的初始稠度 31Bc，随着温度的升高，稠度最后在 25Bc 左右附近趋于稳定，在整个实验过程中，稠度的变化值不大，流变状态在整个实验过程中较好。水泥浆稠度从 30Bc 到 100Bc 的过渡时间不到 1min，具有直角稠化性能(图 5.21)。

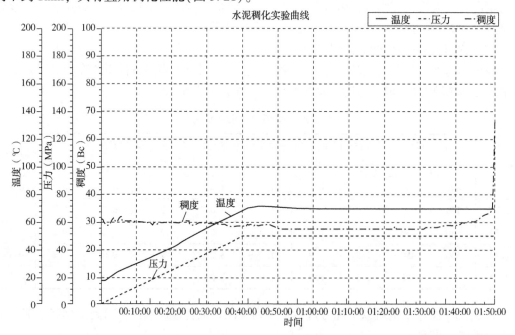

图 5.21　膨胀水泥稠化实验曲线

③ 水泥浆的强度及静胶凝强度性能。

图 5.22 和图 5.23 分别表示净浆和膨胀水泥浆的静胶凝强度曲线，通过对比可以发现：从静胶凝强度值从 48Pa 和 240Pa 的过渡时间不一致，净浆体系的过渡时间为 60~70min，而膨胀水泥浆体系的过渡时间 10~20min；静胶凝强度值到达 240Pa 的时间是膨胀水泥浆体系的(200min)略长于净浆体系的(170min)。从防气窜的角度来说静胶凝强度值从 48Pa 和 240Pa 的过渡时间越短越好，静液柱压力小于地层气体孔隙压力的时间刚好落在这个区间的几率越小，此时，水泥浆能有效防止气体侵入。

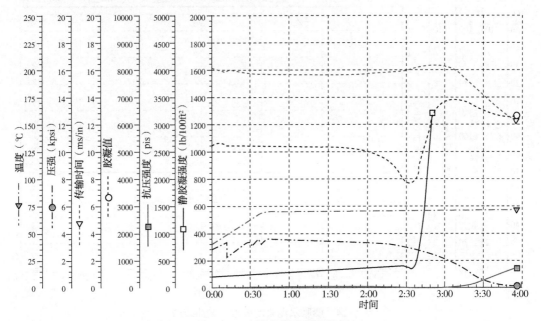

图 5.22 净浆的静胶凝曲线图

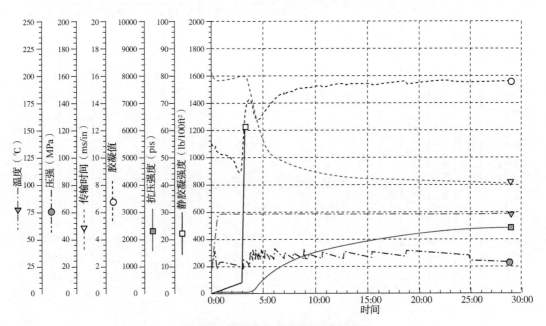

图 5.23 微膨胀水泥浆静胶凝曲线图

④ 水泥浆的防气窜性能。

图 5.24 和图 5.25 分别为膨胀水泥浆和净浆的失重实验曲线图，对比两图可以看到：最明显的不同就是膨胀水泥浆体系的失重曲线，不但没有往下走反而往上攀升，并维持在一个恒定的值，这个特点与 K2 外加剂体系相似，是水泥石水化过程中由于膨胀作用产生的挂壁现象，净浆的失重曲线则相反。最后测得，膨胀水泥浆失重时间为 96min；净浆的失重时间为 71min。

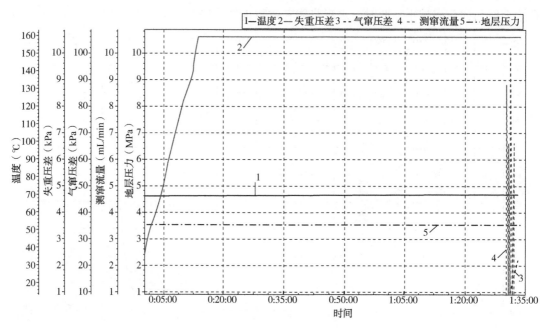

图 5.24 膨胀水泥浆的失重实验曲线图

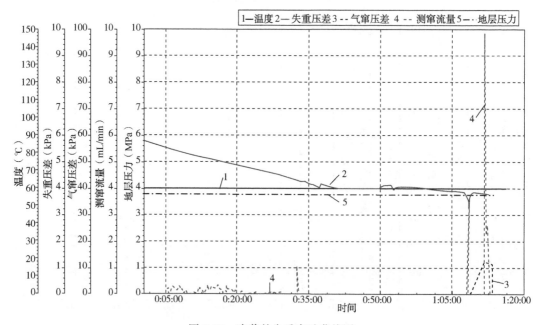

图 5.25 净浆的失重实验曲线图

⑤ 水泥浆的微观结构分析。

从电子显微镜图就呈现出如图 5.26、图 5.27 所示的形貌，净浆水泥石则以簇状的 C—S—H 凝胶为主。对于膨胀水泥浆，膨胀水泥石的表面以六方长条状的 $Ca(OH)_2$ 和针状的钙矾石(AFt)为主。水泥石水化的时候溶液中含有大量的 Ca^{2+}、SO_4^{2-} 和 Mg^{2+} 时，水化后会产生大量的 $Ca(OH)_2$ 和钙矾石(AFt)，成为膨胀水泥的膨胀源。

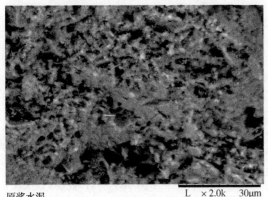

原浆水泥　　　　　　　　　　L　×2.0k　　30μm

图 5.26　净浆水泥石微观结构

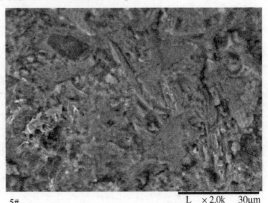

5#　　　　　　　　　　　　　L　×2.0k　　30μm

图 5.27　膨胀水泥石微观结构

⑥ 水泥石力学性能。

为进一步增强水泥石的韧性，增强其抗破裂的能力，在水泥浆中应用了表面处理的抗高温矿物纤维材料，实验评价的结果如下：在 80℃恒温水浴养护条件下，测试了加筋增韧剂 1#掺量为 0.0%，0.5%，1.0%，1.5%、2.0%时(外掺)水泥石 48h 的力学性能，实验结果见表 5.31。

表 5.31　增韧剂 1#对水泥石力学性能的影响(80℃×48h)

编号	抗压强度(MPa)	抗折强度(MPa)	抗冲击功(J/m²)	抗拉强度(MPa)	膨胀应力(MPa)
①	35.2	10.9	570	2.5	-2.22
②	36.7	10.7	600	2.6	—
③	32.6	11.5	660	2.9	—
④	30.0	12.3	730	3.2	0.68
⑤	27.5	13.2	800	3.6	0.97

注：①0.0%增韧剂 1#；②0.5%增韧剂 1#；③1.0%增韧剂 1#；④1.5%增韧剂 1#；⑤2.0%增韧剂 1#。

从表 5.31 可知，增韧剂 1#对水泥石的力学性能影响比较明显。随着增韧剂 1#的增加，水泥石的抗折强度、抗冲击功、抗拉强度升高，由于纤维的吸水肿胀作用，在水化早期(2d)还具有一定的膨胀应力(掺量 1.5%)，而抗压强度、弹性模量下降。当增韧剂 1#掺量增加到 2.0%时，水泥石的抗折强度、抗冲击功、抗拉强度分别上升了 21%、40%、44%。说明纤维增韧剂在增韧的同时还有降低水泥石脆性的功能。当增韧剂 1#掺量较高时，由于增韧剂 1#中的纤维在水泥浆中的拉筋搭桥会导致水泥浆的流动性和可泵性变差，同时较高掺量时，水泥石的抗压强度损失也较大，所以增韧剂 1#的掺量不宜过高，一般低于 2.0%，建议掺量为 1.5%。

从以上性能对比分析来看，微膨胀纤维水泥的各项性目满足施工要求，在水泥浆的防气窜性能和膨胀性能上具有明显的改善。

5.3.3 现场应用

从项目开展以来截至 2014 年 9 月底，应用上述技术，累计在威远、长宁示范区开展水平井固井 20 井次，最长水平段长 1800m（CNH3-5 井）、最高温度 132℃（W204H4-3）、最高密度 2.35g/cm³（CNH2-3），固井质量优质。技术思路基本一致，下面 CNH3-2 井为实例。

（1）基础资料。

表 5.32 为井身结构设计数据，图 5.28 为 CNH3-2 井身结构图。

表 5.32　井身结构设计数据

序号	钻头		套管			
	尺寸（mm）	钻深（m）	尺寸（mm）	壁厚（mm）	下深（m）	封固井段（m）
1	333.4	376.00	273.05	10.16	374.50	0~374.50
2	241.3	2600.00	196.85	11.51	2598.44	0~2598.44
3	168.28	3877.00	127	12.14	1920~3875	1900.00~3875.00
				11.10	0~1920	

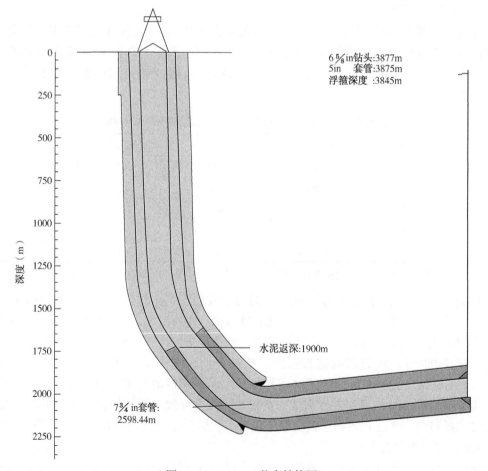

图 5.28　CNH3-2 井身结构图

说明：①ϕ127mm 油层套管下深 3877.00m，储层最大垂深 2475m，KOP 点位置 1700m，A 点位置 2877.00m，B 点位置 3877.00m，水平段长 1000m；②采用一凝加重水泥浆，封固 1900.00~3875.00m 井段(重合段 700m)，设计水泥塞长 30m。

（2）钻井液性能。

白油基钻井液，油水比 82：18(2013 年 1 月 26 日)，密度 2.13g/cm³。钻井液性能见表 5.33。

表 5.33 钻井液性能

密度(g/cm³)	漏斗黏度(s)	失水(mL)	YP(Pa)	切力(Pa)	E_{ST}(V)	AV(mPa·s)	PV(mPa·s)	P_m
2.13	84	0.9	7	4/9	610	67	60	1.6

ϕ_{600}	ϕ_{300}	ϕ_{200}	ϕ_{100}	ϕ_6	ϕ_3	Ca^{2+}(mg/L)	Cl^-(mg/L)	V 固
134	74	51	30	8	6	9600	27000	41

（3）套管串结构。

表 5.34 为管串设计参数。

表 5.34 管串设计参数

名称	厂家	钢级	壁厚(mm)	数量	单长(m)	累长(m)	下深(m)
铝制加长引鞋	—	—	—	1	0.37	—	—
管鞋	—	—	—	1	0.20	0.20	3873.41
浮箍	—	—	—	—	0.23	0.43	3873.21
短套管	天钢	P110	12.14	1	1.36	1.79	3872.98
套管	天钢	P110	12.14	3	31.08	32.87	3871.62
浮箍	—	—	—	1	0.23	33.10	3840.54
套管	天钢	P110	12.14	173	1900.70	1933.80	3840.31
套管	天钢	P110	11.1	173	1929.21	3863.01	1939.61
双公短节	—	—	—	1	0.25	3863.26	10.40
悬挂器	—	—	—	1	0.60	3863.86	10.15
联入	—	—	—	1	9.55	3873.41	9.55

（4）固井工艺技术。

① 段塞举砂。

a）井深 2587.30~2625.80m，复合钻井期间，用 2.25g/cm³，黏度 250s 的重泥浆 3 次共 9m³举砂，振动筛上返出大量钻屑。

b）井深 2663.6~2699.00m，利用 2.25g/cm³，黏度 250s 的重泥浆 2 次共 6m³举砂，振动筛上返出钻屑比复合钻进时多点。

c）井深 2744.00~2787.00m，复合钻进期间利用 2.25g/cm³，黏度 250s 的重泥浆 2 次共 6m³举砂，振动筛上基本上无钻屑返出。

d）井深 3548m，用密度 2.40g/cm³ 的重浆 3m³举砂，返出 15cm×6cm×0.5cm 的水泥块以及细小岩屑。

e）单扶通井：井段 3246.15~3548.00m，划眼期间用密度 2.40g/cm³ 的重浆 6.0m³举

砂，无明显钻屑；划眼至3548m用密度2.40g/cm³的重浆8.0m³举砂，无明显钻屑；分别起钻至井深3192.29m、井深2813.90m循环无砂子；起至井深2522.98m用密度2.40g/cm³的重浆5.0m³举砂，振动筛上基本上无钻屑返出。

②固井工作液设计。

a）冲洗隔离液体系，取现场重浆处理后，加不同比例润湿反转剂进行模拟冲洗效果，最终确定冲洗隔离液配方为冲洗剂1#15%+水基泥浆。冲洗实验结果如图5.29和表5.35所示（旋转黏度计，600r/min，冲洗10min，然后用清水洗去表面黏附的水基泥浆，观察冲洗效果）。

图5.29　CNH3-2冲洗隔离液冲洗效果

表5.35　隔离液流变性试验（试验温度80℃）

项目	φ600	φ300	φ200	φ100	φ6	φ3	n	k
隔离液	124	74	54	34	8	6	0.707	0.461

b）水泥浆体系及其性能见表5.36。

表5.36　水泥浆体系及其性能

水泥组分		夹江G级：精铁矿=65：35		井深（斜/垂）（m）	3877
试验条件		80℃×52MPa×30min		电测井温（℃）	
配方（%）	代号			温度高点/89℃	密度高点
	降失水剂2#	2			
	分散剂1#	0.5			
	膨胀剂2#	3			
	消泡剂1#	0.3			
	微硅	1.5			
	缓凝剂1#	0.05			
水泥浆密度（g/cm³）		2.25		2.25	2.28
水灰比		0.31		0.31	0.29
流动度（cm）		19		19	17
失水（7MPa）（mL/30min）		42			
自由水含量（%）		0			

初始稠度(Bc)		35	34	45
40Bc 稠化时间(min)		177	140	—
100Bc 稠化时间(min)		195	151	150
强度(MPa)		18.8(89℃×48h)		
附加凝结试验：初凝时间为 320min；终凝时间为 375min				
备注：混浆稳定性：水泥浆+冲洗液(2.0g/cm³)，上 1.97g/cm³，下 2.22g/cm³				
隔离液+冲洗液(1.96g/cm³)，上 1.88g/cm³，下 2.27g/cm³				
污染试验：80℃×0.1MPa×120min，污染稠化试验条件与缓凝水泥浆试验相同				

水泥浆	油基浆	隔离液	冲洗液	常流(cm)	高流(cm)	初稠(Bc)	稠化试验结果
30%	70%			不流	干		
50%	50%			半成型	干		
70%	30%			半成型	干		
70%		30%		21	18	18	120min×14Bc
70%	20%	10%		17	半成型	23	120min×18Bc
20%	70%	10%		18	15		
1/3	1/3	1/3		20	17		
95%		5%		20	17		
5%	95%			26	25		
70%	20%	10%	5%	19	18		130min×14Bc

（5）测井结果。

设计水泥浆返高 1900m，实际电测 1346.6m 至 3715.0m 声幅测井固井质量全优（图 5.30）。

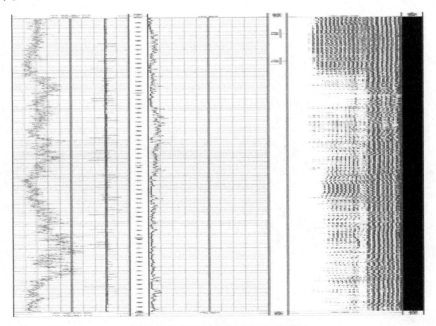

图 5.30 CNH2-3 井电测声幅质量

参 考 文 献

[1] 李明，杨雨佳，李早元，等. 固井水泥浆与钻井液接触污染作用机理[J]. 石油学报，2014，35(6)：1188-1196.

[2] 郑友志，佘朝毅，姚坤全，等. 钻井液处理剂对固井水泥浆的污染影响[J]. 天然气工业，2015，35(4)：76-81.

[3] Arvind D, Patel J, Michael Wilson, Bill W. Loughridge. Impact of Synthetic-Based Drilling Fluids on Oil-well Cementing Operations[C]. SPE 50726.

[4] 张洪旭. 固井工程中耐高温高效隔离液的研制及抗污染机理[D]. 成都：西南石油大学，2015.

[5] 吴梅芬，薛静. DSF 冲洗隔离液的研制和应用[J]. 石油钻采工艺，1990，12(2)：17-25.

[6] 张明霞，向兴金，童志能，等. 水泥浆前置液评价方法总论[J]. 钻采工艺，2002，25(6)：81-83.

[7] 赵永会，马淑梅，王广雷，等. DG 抗高温隔离液的室内研究[J]. 西部探矿工程，2007，19(3)：60-62.

[8] 夏修建. 新型耐高温油井水泥缓凝剂的研制[D]. 天津：天津大学，2013.

[9] 姚志刚，丁敏. 非常规天然气发展状况与趋势浅析[C]//陕西省新兴能源与可再生能源发展学术研讨会. 2011.

[10] 骆新颖. 长宁威远区块页岩气水平井提速技术研究[D]. 成都：西南石油大学，2017.

[11] 崔思华，班凡生，袁光杰. 页岩气钻完井技术现状及难点分析[J]. 天然气工业，2011，31(4)：72-75.

[12] 李韶利，姚志翔，李志民，等. 基于油基钻井液下固井前置液的研究及应用[J]. 钻井液与完井液，2014，31(3).

[13] 胡黎明，赵留阳，郭振斌. 提高水平井固井质量的措施[J]. 中国石油和化工标准与质量，2012，032(004)：248，125.

[14] 辜涛，李明，魏周胜，等. 页岩气水平井固井技术研究进展[J]. 钻井液与完井液，2013，30(4)：75-80.